U0142618

結構實境

整合實作的結構教學
與研究方法論

杜怡萱　著

推薦序一

二十一世紀設計與工程技術演化以及空間、結構與材料融合一體帶來建築型態的典範轉移，創新的設計方法結合材料與製造技術提供一個實驗性建築實踐的機會，在這一波的創新構築實驗中，設計、工程與建築科技逐漸匯流，帶來許多的創新整合的機會，其影響不僅發生在建築實務中，對於傳統的建築教育強調專業分工而言，也是一大挑戰。

近年來在宏觀前瞻的建築教育發展中，一個重要的趨勢是設計與工程的整合，透過理論、研究與實踐，進行實體空間構築前瞻性實驗，杜怡萱教授是我認識中最早探索結構與設計整體關係的建築教育工作者之一，十幾年來，杜教授一直探索如何深入淺出的將結構概念帶入設計過程，帶領學生進行微構築實作，因應不同的材料與空間型態進行結構分析與設計，她不僅是一位優秀的建築結構學者，也是一位建築師、工程顧問與教育學者，十幾年來致力於開發一個獨特的建築結構與設計整合教育計劃，該計劃集結構、設計、技術、材料於一體，並透過協助建築業界解決困難的結構設計問題，累積了相當寶貴的實務經驗。

近年來，杜教授開始嘗試將結構設計思維融入在設計過程中，她探索了建築教育中的微構築實驗教學法，作為促進結構與設計整合的媒介，特別是致力於開發結構教學與研究方法論，藉以提升結構與設計教學的整合思維，並且進一步探索建築空間、材料與結構形態的生成機制，其所領導的微構築實作，同時涵蓋理論與實踐、工程與設計，已經在創新的建築教育中發揮重要的作用。

本書乃集結杜教授過去十幾年來的整合實作案例，透過創新的結構教學與研究方法，涵蓋結構、設計、材料三個領域層級：第一個是關於結構教學的設計概念，用深入淺出的方式，介紹結構設計理論與實踐的演變；第二

個領域涉及在設計與工程教育的實作，以「微構築」實踐整合性結構與設計教學，多次的微構築實驗已經在國際工作營上發表並獲獎；第三個領域涉及複雜的結構、材料、空間和設計知識整合，以杜教授在成大領導的「形成結構研究室」進行前瞻的結構設計研究，並嘗試論述結構設計的空間藝術美學。

我個人認為要將建築結構的複雜度講得很簡單並不容易，看完整本書的內容，讀者將會發覺重新受到啟發，如同作者書中一開始所說的：「結構，其實沒有那麼無聊！」

鄭泰昇 教授
國立成功大學規劃與設計學院院長
二〇一九年三月一日

推薦序二

的確，在建築系的課程中，結構、史論及建築設計等三大課群始終是課程結構中的三大主要支柱，也是形塑建築成為專業的核心課程，杜怡萱老師在本系教學多年，其主要教學課程是大學部的結構課程，換句話說，她是成大建築系學生在建築專業學習過程中所（睜眼）遇見的第一位建築結構啟蒙老師，從入門到進階，從觀念到計算，從模型到實作，杜老師大概是成大建築系在「翻轉教學」理念前提下，願全力投入教學改革的教師之一。

成大建築系是一個在建築教學研究上資源相當完整的系所，學生的專業學習亦相當全面。對成大建築系的教學而言，如何使大學部學生能全面性的透過學習資源成為一位可具體滿足建築專業需求的「通才」，並在研究生階段依適性學習原則，可選擇學習領域成為「專才」，是我們一貫的建築教育理念。從課程整合角度而言，以建築設計為平台，杜老師在教學上使學生在學習初始即可掌握正確的建築結構及構造基本觀念，伴隨著學習經驗增加而形成知識成長，適時的加入結構公式導引及計算的教學方式，使學生學習趨於完整。此外，杜老師更以課餘時間開設「結構診斷室」，供全系學生以約定時間方式，開放與學生討論建築結構設計檢視與結構學習上的種種問題，獲得成大學生歡迎及好評。在相關的國際性教學合作方面，由於杜老師個人的學術人脈聯結，自 2013 起迄今，每年暑假由杜老師公開徵選成大建築系學生報名參加由日本建築學會主辦的 SSS（Student Summer Seminar）學生國際工作營，杜老師在成大建築系結構課教學上的翻轉，啟發學生在「結構設計」的表現及自信，使得參與學生團隊年年獲獎，為本系最具代表性的國際活動參與，也正如上述，學生口中的「杜姊」能連續數年獲本系學生教學評鑑為最優良教師，乃實至名歸之事。

近年來，在成大建築系的建築教育改革理念實踐過程中，我們嘗試將工程

類型的課程從單純的知識「講授課」，改革成「講授＋設計」式的課程內涵，也就是說，我們希望系內工程專長的老師除開授講授式課程外，可以以每學期輪流授課的方式擔任高年級（四、五年級）的主題式建築設計課老師，引導學生以工程元素做為建築設計創新構想的驅動力，杜老師的結構設計課是成大建築實施教學改革過程中成功的案例之一。

這本書所記載的是杜老師如何投入教學改革的過程，但字裡行間所顯示的是杜老師高明的建築結構學術研究能力及涵養，我對杜老師選擇將「激發學習結構的興趣」為其學術生涯的挑戰及目標有高度的認同，而杜老師擇善固執式的理念追求，又何嘗不是大學教師的社會與學術責任的體現？

吳光庭 教授

國立成功大學建築系教授兼系主任
二〇一九年三月十八日

作者序

這是一本結構老師寫的結構教學書，但是它應該不是你想像的那種結構教科書。

我的恩師，已故的許茂雄教授在成大建築系教了將近 40 年的結構，多次獲頒教學優良教師，學生們都記得他講課深入淺出，簡單易懂，許老的結構系統是多數人印象最深刻的一門課，那是一門幾乎沒有公式和計算，而且讓你每個字都聽得懂的結構課。即使許老已經逝世多年，有幸聽過他講課的畢業生們依然對這門課津津樂道，懷念不已。因此在我開始就任教職的時候，就把「許老標準」當作是心目中的標竿，我給自己的任務不是教結構，而是教「聽得懂的結構」。

這本書是我任教 13 年間，想方設法要讓建築系學生不但聽懂，而且還能喜歡來上結構課，甚至願意進一步投入結構研究與結構設計工作的真人血汗實錄。雖然身在一所以研究為重的國立大學，我把應該用在撰寫研究論文的時間拿來做了這些事情，因為我仍深信，訓練一位懂結構的建築師所貢獻的 Impact Factor 遠高於投稿一篇 SCI paper。

如果你想知道如何通過建築師考試的結構科目，看這本書大概沒什麼用，它也不會教你作結構分析或耐震評估，但是你可能會從這裡面發現另外一種看待結構的方式，有機會激發你對學習結構的興趣，或者一個不小心燃起對結構研究的熱情，這是本書作者的衷心期望，以及身為一位結構老師的努力目標。

目錄

緒論

結構，其實沒有那麼無聊

在建築系教結構，令人深刻體認到這是一項十分艱鉅又任重道遠的工作。大多數人都會同意，結構真的很重要，尤其在每當地震發生時特別有感；但是大多數人也覺得結構教得太難，太多計算。很多前輩發現我是結構老師的時候，常會迫不及待向我訴說他們那個年代的結構老師講課有多麼引人入睡，如鴨子聽雷，以及有如進入一個烏托邦，在那裡，結構課不教公式，考試也不考計算題。

如果數字和公式不是學習結構的唯一方式，那麼還能夠是什麼？

回顧人類的建造歷史，會發現一件振奮人心的事實，也就是：似乎不用太懂結構也可以把房子蓋起來。大多數的經典歷史建築物建造於結構工程學，或說現代學校裡教的結構工程學尚未完整建構的年代；萬神殿（Pantheon）建於西元 126 年，且直至今日依然屹立，但材料力學是 17 世紀開始出現的 [1]，拱的分析理論更是從 17 世紀末才開始發展，那麼羅馬人如何知道在混凝土圓頂的不同部位配置輕重不同的骨材？又如何估算圓頂成立所需的厚度？最早的桁架結構據信亦可追溯至羅馬時代，文藝復興時期的建築大師帕拉底歐（Palladio）曾建造數座標準形式的木桁架橋，跨距可達 30 公尺，然而現在建築系大一就會學到的桁架內力分析方法，要到將近 300 年後的 1850 年代才開始確立。這些例子顯示在人們懂得如何以計算和理論解析結構之前，就已經能夠建造結構了。建造技術發展的順序

1. Timoshenko, S. P., History of Strength of Materials, Dover Publications, New York, 1983.

並不是先想出方法，接著依照預期完成，而是先從嘗試中發現了某種構築的方式，然後才開始去理解它，找出內在的規則，並進而能夠重現、改良、擴展它的應用可能性。

經驗法則（Rule of Thumb）是不使用繁複的計算或分析理論來解決結構問題的方法，例如應用三等分法則估算石拱撐柱所需的尺寸（將等分點與端點連線，向外延伸一倍長度），或以跨距的十分之一來概估鋼筋混凝土梁的深度。這一類的經驗通常來自於實際試驗和嘗試錯誤的結果，能夠透過累積足夠多次的錯誤經驗來提升其準確度，然而其適用性必須受到試驗所及範圍之限制，例如從一種材料所得之經驗無法完全套用於另一種材料，縮尺模型的行為也不能直接代表足尺結構。雖然有著可靠度和適用範圍的問題，但並不表示在有了分析理論之後，就不需要經驗法則了。實際上目前結構設計方法中仍依靠大量的經驗法則，只是以較為體面的形式出現，例如各式各樣的構件強度經驗公式；結構分析中也仍有許多參數需依賴試驗或工程判斷來決定，例如摩擦係數、鉸接或固接的判定，而所謂的工程判斷，其實是訓練有素的工程師根據經驗累積所建立的直覺，也就是一種內化的經驗法則。

建造技術發展的歷史脈絡暗示了，在學習建築的過程中，培養結構直覺，比熟練結構計算來得重要，但這並不表示應該全面揚棄在課堂中出現理論、數字和公式。因為純粹經驗的累積需要花費長時間與大量資源，而力學公式，如同物理定理，是一種以數學語言敘述結構原理的方式，能將經驗、概念與直覺條理化，以精簡、標準的形式呈現出來，便於邏輯推導及解析未知。結構直覺的養成過程中若能適當搭配運算與分析理論的輔助，可提升效率並建立系統性的理解，避免囫圇吞棗式的學習。

雖然這麼說，建築系學生對數學普遍存有抗拒感，往往在開始接觸結構之前就事先內建「結構很難」的刻板印象，讓學生克服畏懼結構的心理障礙，引起學生對結構的興趣，可能才是結構教學中最大的挑戰。減少數學和公式的使用，或許能讓部分不擅運算的學生減低壓力，但仍無法達到治本的效果。大部分學生對於結構課程的障礙，通常並非來自公式本身，而是來自於無法將黑板上的理論及公式和現實中的事物產生連結。這說來有點不太應該，因為儘管多數人沒有意識到，其實我們天生就具備結構直覺。

生活在地球上，我們隨時都受到地心引力的作用：每天早上從床上撐起身子，你就成了結構；提起背包，你的手臂和肩膀就感受到傳來的應力；你應用力矩轉動門把，邁開腳步時會自動維持平衡，在電梯裡就算專心滑手機，也能夠從腳底壓力的變化知道預定樓層快到了。人類運作自己的身體以及周遭物體，應用力學原理的機會其實非常頻繁，頻繁到已經視為理所當然而不自覺，其實你和結構的關係比想像中還要親密很多。這也是為何以結構美學聞名的西班牙建築師卡拉特拉瓦（Calatrava）經常透過模擬人體動作來表現其設計中的結構組織。

面對結構初學者，可以嘗試提出這樣的例子：常聽說颱風將樹吹得連根拔起，想像一棵樹如右頁圖受到來自左方的風力吹襲，那麼拔起的根到底是左邊的根（a）還是右邊的根（b）？幾乎所有人都能夠不假思索地回答出是左邊。再問，是什麼樣的力量讓樹根拔起？也幾乎所有人都能馬上回答是拉力。若再問那麼右邊的根受什麼樣的力呢？大多數的人會推理出是壓力。從樹承受風力的行為，能夠容易地引導至承受側向力的懸臂構件，並解釋側向力引致懸臂支承處發生彎矩，彎矩轉化為斷面內的應力時，會有一

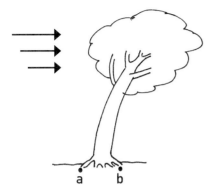

一棵樹受到來自左方的風力吹襲。

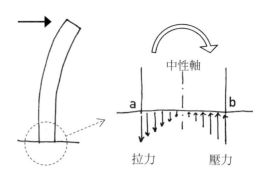

拔起的根到底是左邊的根還是右邊的根。

側受拉（a），而另一側受壓（b），從拉力到壓力之間，可合理推斷呈現一漸變之過程，而中間必然有一處不受拉也不受壓，也就是應力為零的中性軸。再根據應力漸變的概念，繼續說明撓曲應力公式 $\sigma = \dfrac{M \cdot y}{I}$ 如何顯示應力 σ 隨著中性軸往外的距離 y 增加而增大，通常會比直接拋出公式或長篇數學證明更容易理解，因為力學公式和現實經驗的連結已被建立。在結構教學中，應注意公式與計算僅是工具，教授「如何」使用工具的同時，也需要建立「為何」使用，及使用於「何處」的認知，才能善盡其用。

初階的力學原理與簡單結構的行為通常能容易地在生活周遭找到類比的範例，若結構系統變得複雜、使用不熟悉的材料，或規模尺度變化，導致行為難以預測，則需要透過實際構築來累積經驗。近年來常見將實作引進設計課程的例子，其出發點並非全然為了結構教學，而是希望學生能透過實尺寸構築體會各種材料行為和寫實的重力感觸，缺點則是需要花費大量時間與資源。製作縮尺模型是常見且實用的替代方式，模型構築相對快速而節省成本，同時便於配合實驗設計測試結構性能之表現。以模型執行實作的問題點，主要在於尺寸縮小造成載重與應力的比例改變，無法完全反映足尺結構的行為，其他可能的問題包括：模型材料與實際結構材料性質的差異、邊界條件與接合細部難以真實呈現等。不管採用實尺寸或縮尺模型構築，過程中若

缺乏專業者的指導，仍不見得能將實作經驗有效化為結構概念，關鍵仍在於經驗與知識之間的連結。

另一方面，實作也可用於演練結構知識的應用，或驗證新理論、新系統、新材料組合的可行性。在結構教學的不同階段適當地結合實作或實驗，能夠強化知識的吸收、培養初學者的結構直覺、訓練進階者的應用能力，對建築系學生而言，結構直覺與應用能力能讓他們更容易在建築設計中整合結構思維，不只是為了要蓋出在地球上不會倒的建築物而已，也期望養成即使跳脫熟悉的重力環境，使用未曾接觸過的材料，也能運用知識基礎與分析推理找出嶄新構築方法的能力。

本書集結了我在成大建築系擔任結構教師的過程中，意圖找尋不用教科書進行結構教學的方法之各種嘗試。我自己在台灣傳統結構教育環境下養成，和一般大學教師一樣，並未受過專業教學法的訓練，因此就如同建造技術發展的邏輯，並非事先規劃進程再依計畫進行，而是邊做邊學，摸索前進。綜觀這些嘗試，可發現「實作」是它們共同的核心，但進行的形式與使用的時機各有不同；本書第二章說明如何透過結構模型表現並理解結構系統，以及利用模型實作來輔助結構整合設計教學；第三章記錄兩項獨立於正規課程之外，不約而同都以模型作為主軸的結構教學企劃：AND 建築模型展與 SDG 結構工作營；第四章介紹有別於正規結構應用，以挑戰新結構形式及結構藝術表現為目標的 SSS 工作營及歷年成果；第五章則整理我所指導的結構組碩士生以非典型結構材料或系統作為主題之研究。本書內容希望能提供有志於精進結構教學者的粗淺參考，並讓一般建築系學生瞭解學習及研究結構能有不同方法，也能充滿樂趣。

作模型，學結構

所有年齡層通用

從繪圖技術還沒有那麼發達的時代開始，縮尺模型就已經是一種用來呈現建築設計方案的有效媒介，畢竟，有什麼比能夠親眼看見、親手觸摸的物體更具說服力？然而，模型的表述性並不見得因模型製造技術隨時代演化而越趨近真實，毋寧說是相反，強力的膠合材料模糊了構件介面的接續問題，電腦 3D 建模遺忘了重力的存在，3D 列印則將材料生來的不均質性化為烏有。這些絕非對於模型製造技術發展之指責，而是對於模型建造意義的反思。

模型的建造即是微尺度的構築，尺度的縮小令建造的難易度、成本與時間得以大幅縮減，因而可利用模型來操作在實尺寸建物中難以執行的重複試誤，這使得模型不只作為呈現設計最終成果的表現媒介，也能成為設計過程中檢討建造方法的工具。

特別在發展結構方法時，製作寫實的模型是相當有用而可靠的工具。在電腦等高速運算工具尚不普及的 1960-70 年代，就有許多特殊結構的設計是運用模型來輔助完成，例如丹下健三／坪井善勝的國立代代木競技場、Frei Otto 的慕尼黑奧運主場館、與 Heinz Isler 諸多以倒懸垂面構築的輕盈混凝土薄殼屋頂。模型「寫不寫實」的基準在於模型的構築方式有多接近足尺結構，能夠重現足尺結構的受力行為到何種程度。影響受力行為的因素包括材料性質、構件接合部的束制情形、邊界條件、載重狀態等。由於尺度與製作技術的限制，並非所有因素都能同時百分之百地重現，但可能視模型的用途與所欲探討的問題類型而將其中一些忽略或加以理想化。

模型製作在結構教學方面的應用性更為廣泛，由於不一定

要對應到特定的足尺結構，模型材料與製作方法可更為多樣化，或說探索各種材料與製作方法正是教學目標的一部分。在本章中，我嘗試根據自身經驗，歸納及討論將模型製作引入結構教學設計的可能性和方法，用於教學的模型製作重點在於「製作」，亦即構築過程本身。相較於只是觀賞製作完成的模型，學習者親身參與製作過程能夠學到更多，因此將模型製作應用於結構教學時，應著重學習者的參與及學習者與指導者之間的互動。

多數人對於結構原理的初步認知，來自童年遊玩積木的經驗：一根橫木至少需要兩處支點才能穩定放置，頭重腳輕的物體容易傾倒，而底盤越寬闊的構造越難被推翻。因此當我剛開始對大一學生上他們進建築系的第一門結構課「工程力學」時，我發現與其在黑板上抄寫算式，還不如直接示範給他們看什麼是結構。

我準備了足以引起飢餓大學生注意力的餅乾盒（內含餅乾）作為道具，在桌上放置了兩本厚書代表側牆，牆與牆之間的距離大於餅乾盒的長邊，因此至少需要兩個餅乾盒才能跨過側牆間的空間。這時如果只能使用一道膠帶來作為續接材料，應該貼在哪裡呢？右圖中示範的兩種組構方式，是工程力學講授範圍中最常出現的簡支梁和簡單桁架，實際看過破壞過程之後，學生對於它們的受力行為便比較能夠想像。

利用模型來輔助結構教學的作法，在國外的建築學校已廣為採用，國內亦有若干土木與建築科系跟進。相較於透過理論與運算講授的結構教學方式，模型除了具備互動性較佳的優點，當學習者本身即為模型製作者時，更有「做中學」（Learning by Doing）的效果。模型製作在結構研討或教學方面的應用方式，可以歸納出下列幾項：

◆ 以模型驗證結構合理性
◆ 拉力結構的找形問題
◆ 以模型探討構法設計
◆ 模型載重試驗的有效性
◆ 透過模型「臨摹」實際結構的案例分析

膠帶黏貼處

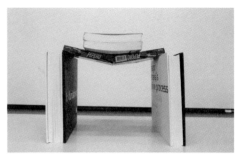

大一工程力學課程的餅乾盒結構示範

1. 把兩個餅乾盒對接後直接放置在側牆上，
    餅乾盒與側牆無固定連接，相當於簡支梁
    （Simply Supported Beam）。簡支梁在垂直載
    重下只有底側會受拉，因此膠帶貼在底側就
    可以。

2-3. 當載重增加，膠帶會拉斷，或餅乾盒頂側壓
    潰而破壞。

4-5. 加入第三個餅乾盒，和膠帶組成桁架
    （Truss），能夠承擔更多載重。在垂直載重
    下三個餅乾盒都受壓，所以餅乾盒之間不需
    要額外的連接也可以穩定。

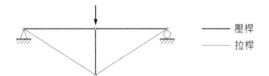

——— 壓桿
——— 拉桿

除了上述兩種，還有沒
有其他的組構方法呢？
(答案可參照附錄 1)

作模型．學結構
所有年齡通用

以模型驗證結構合理性

「這樣的結構，真的站得起來嗎？」

雖然縮尺模型通常使用紙板、塑膠、飛機木等容易加工的材料，來取代真實建築物中的鋼、混凝土、磚或實木，但其抵抗載重的姿態，與真實建物並無太大差異。原因是靜定結構的穩定性和內力分布乃根據牛頓運動定律推導而得的力平衡條件決定，並不會因為材料差異及有限範圍內的尺度變化而改變。靜不定結構的反力和內力分布則會因構件之間相對剛度大小而異。也就是說，只要結構模型能夠穩定站立，就表示它至少是在垂直自重下能夠滿足力平衡的靜定結構。這樣的模型可以再透過（通常使用手指頭）施加其他方向的力量，例如代表地震的水平力、象徵颱風的上抬力，來檢驗它在其他向度或局部的穩定性。在施加力量的時候，也可以透過模型整體或構件的變形型態，來觀察受力行為並間接揣測其內力分布情況，然而結構變形與材料剛度及構件尺寸亦有絕對的對應關係，因此與真實建物採用不同材料的縮尺模型，變形型態及內力分布不見得與足尺結構相同。如果希望模型能夠相當程度反映足尺結構的行為，所使用的材料性質（均質材料或複合材料、等向性、抗拉與抗壓性能）、構件接合方式（鉸接或固接）、基座支承條件都應該儘量接近足尺結構。

「結構系統」這門課程，講授的是各種能夠抵抗載重而圍塑空間或構成造型的傳力機制，懸索、拱、桁架、折版或梁等系統的差異並非只有幾何形狀，光靠課本上的圖片和文字，難以真正理解為何有些結構乍看非常相像，卻被歸類在不同的系統，例如俗稱 HP 面的雙曲拋物面（Hyperbolic paraboloid），在懸索、桁架、薄膜、薄殼的章節都會出現。因此，實際嘗試建造看看是最有效的理解方式。在成大建築

系大三的結構系統課程中，學生被要求以兩人一組，利用課本中提到的特殊結構系統（懸索、拱、桁架、薄殼、薄膜、折版），製作立體結構模型，模型比例、高度、材料與接合方式不拘，但以能表現結構系統力學行為為原則。並且為了讓學生不只是照著課本「抄寫」範例，設定了三種基地版，分別要求覆蓋不同面積和形狀的空間，限制結構體不得超出基地範圍或干涉空間內部，如同真實建築結構也常面臨的限制，因此學生除了建造結構模型之外，也需要思考結構系統與建築空間需求的整合。

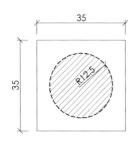

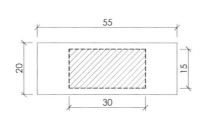

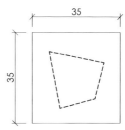

(a) 基地為 35cm x 35cm，需覆蓋平面範圍為直徑 25cm 的圓形，覆蓋區域內部不可有任何結構體。

(b) 基地為 20cm x 55cm，需覆蓋平面範圍為 15cm x 30cm 的矩形，覆蓋區域內部不可有任何結構體。

(c) 基地為 35cm x 35cm，需覆蓋平面範圍為不規則四邊形，結構體位置不限。

大三結構系統課程的結構模型基地要求

這個作業除了繳交模型，學生也被要求將模型製作過程，包含照片與簡要說明文字整理成 A3 大小的說明版面，每一年度的所有模型和說明版擺放在一起等待評分的時期，便是一場小型的結構系統展覽，開放給全系學生進行觀摩。其中最優秀的一件到兩件模型作品，會被收藏在我的研究室裡，模型作者會收到結構相關書籍作為獎勵，所有被收藏的優秀模型則會在下一年度課程作業題目發布時，一起展示出來，給即將進行作業的學生參考。這樣的循環讓學生製作模型時能夠吸取若干前人經驗，不需要從零開始，但是模型製作前後，學生應當能與教師充分討論如何搭建想像中的結構系統，以及為何最後完成的結構未能達到預期成果。

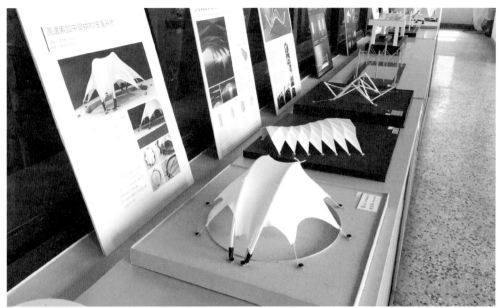

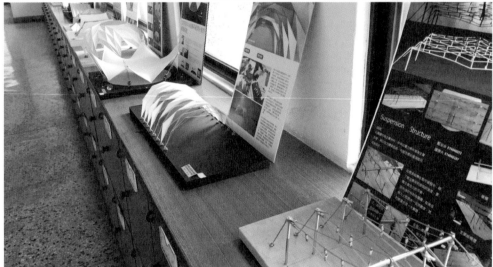

大三結構系統結構模型展

決定哪些模型能被收藏，主要根據維特魯威（Vitruvius）在建築十書中提出的建築三大要件：堅固、機能、美觀（firmitas, utilitas, venustas）；亦即除了能夠自立，還能夠被保存好幾年並重複展示（堅固）；確實滿足題目所定之空間要求（機能）；以及材料、色彩的選擇與整體造型具備美感（美觀）。這樣的模型所驗證的便不只是結構的合理性，也進一步展現結構與建築機能和造型能夠整合並存的可能性。

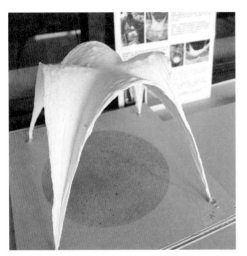

倒懸垂面薄殼模型（邱紹安、李侑霖）

平頂立體桁架模型（鄭少耘、施翔發）

根據 Heinz Isler 提出的方法，將柔軟的紗布浸泡在石膏中，待石膏即將凝固之際提起紗布邊緣懸掛起來，紗布會因為石膏的重量而處於純拉力的懸垂狀態，等石膏完全凝固之後，倒置過來，便成了自重下只受純壓力的薄殼。純拉與純壓結構鏡射的概念最早為高第（Antoni Gaudí）所提出，但由 Isler 將其成功地應用於薄殼結構，並且能夠藉由調整一開始懸掛布面的支承位置，製造出想要的曲面，也能簡單地透過模型製作來驗證其合理性。

這組桁架的上弦（頂面）和下弦（底面）單元都是六邊形，而非常見的三角形或四邊形，這樣還能夠穩定嗎？組立成功的模型就是最好的證明。同時，為了讓節點容納最多達 9 支構件在同一處交會，構件形狀與接合方式均經過妥善的設計。

立體折版圓頂模型（胡顥蓁、葉秋瑜）

將折紙模式中常見的吉村式折疊（Yoshimura Pattern）稍加變化，就可以用單張卡紙直接折出這座輕薄但十分堅固的圓頂結構，充分演繹了折版結構的形抗（Form-resistant）特性。基礎支承細部也因應應力集中作了設計。

拉力結構的找形問題

以細長、柔軟構件構成結構系統時，例如索系統與薄膜系統，由於構件過於細、薄，只能負擔拉力，若承受壓力、剪力、彎矩都會發生挫屈（Buckling）而失效，因此其形狀需隨著載重狀態調整，以使結構達成穩定時，這些構件內只有純拉應力。這表示拉力結構的幾何形狀需隨內力平衡而變化，然而內力的分布又會受到幾何形狀的影響。因此不像一般結構是在幾何形狀固定的情況下求解內力，拉力結構的內力分析也是找形（Form-finding）問題，由於結構幾何條件和內力同時為未知變數，當幾何形狀變得複雜，以數學運算求解甚為困難。

因為拉力結構的形狀隨載重變化，屬於動不定結構，當遭遇地震或颱風等變動載重時，結構形狀就無法固定，造成構造上的問題。實尺寸結構中，可透過幾種機制來減少拉力結構的形狀變動：(1) 增加常時載重，例如懸吊夠重的屋面；(2) 增加剛性，例如先找到常時載重下的平衡形狀後，再用不易變形的剛硬構材而非細薄材料來構築；(3) 用相反方向的拉力或錨定系統製造預拉狀態，以抵消變動載重可能引發的壓應力。相較於前兩種，第三種方式較能維持拉力結構的輕量特性，也能透過反向拉力系統與錨定點的變化來製造出多樣化的造型，但相對地也令找形問題的難度提高。針對這種系統，利用模型來找形便容易許多，因為拉力結構平衡時皆為靜定狀態，只要使用能夠伸縮的材料，例如橡皮筋或彈性布料來模擬拉力構件，適當地控制邊界條件，構件便會變形而自行呈現出純拉應力下的形態。輕量結構的先驅者 Frei Otto 在 1960 年代即開始使用肥皂膜、實體模型和攝影量測技術，來解決薄膜結構的找形問題，並成功建造了蒙特婁世博西德館及 1972 慕尼黑奧運主場館等大型薄膜建築。

完全張力體（Tensegrity）也是一種需要找形的特殊結構系統，此系統最早由著名的數學家兼建築師 Buckminster Fuller 與其學生 Kenneth Snelson 共同發展，其特點為只由拉力和壓力構件組成，且壓力構件彼此之間不互相接觸，如 Fuller 所下的定義：「壓力的小島們沉浮在拉力的海洋裡（Small islands of compression in a sea of tension）」，彼此隔離的壓桿在纖細的拉桿彼此牽制間巧妙地平衡，彷彿無視重力般地漂浮在空中，能製造出非常有魅力的視覺效果。完全張力體並非透過外加載重，而是透過在拉桿施予預力達到內力自體平衡而穩定，但由於構件立體交錯、節點數量眾多，其找形與預力導入方法比普通的拉力結構更加困難，實際應用於建築的案例也非常少見。

受惠於軟體技術的發展，現在已有某些 3D 建模軟體能搭配力學套件，在電腦 3D 模型中模擬拉力結構形狀與力量互制的行為，利用此類套件來進行找形，亦是熱門的新興研究課題。然而，電腦模擬結果會受到參數設定之影響，使用時應確實了解其力學模型基本假設為何，並且以實體模型進行驗證。

對初學者而言，製作實體模型仍然是了解拉力結構的最佳方式。學生會發現要同時拉緊所有的索構件沒有想像中容易，薄膜的形狀也常不如預期；因為拉力結構會將應力直接而誠實地反映在形態上，也能説是一種會和操作者互動的結構，有助於培養學生對結構傳力機制的認知。

帳篷式薄膜結構模型（林建勳、邱暐娟）

將交錯排列的柱頂之間以懸索串連後，覆蓋彈性布料製成的薄膜，在每個被懸索切分的單元裡，將薄膜邊緣往下錨定，製造出與懸索反向的曲率而導入預力。於是雖然覆蓋的平面是規則矩形，屋頂卻藉由薄膜產生自然的起伏曲面形態。

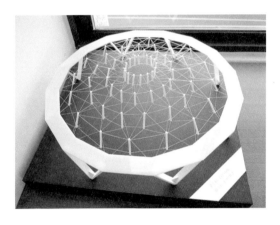

Geiger cable dome 結構模型（黃上耘、楊佳翰）

David H. Geiger 所提出的這組拉索穹頂，是極少數成功運用在建築空間的完全張力體系統，因為平面為圓形，旋轉對稱的幾何特性讓它的形狀比較容易確定，但是建造的時候必須控制拉索的長度與設計同步導入預力的方法，否則就會有一些壓桿因為受力不對稱而歪歪斜斜的。

雙向互制的平面懸索結構模型（鄭至余、羅傑夫）

上下對稱的兩組懸索，有一組主要負責承受向下的自重，另一組負責承受上抬的風力（分得出哪一組是哪一組嗎？）同時透過中間垂直構件的串連產生互相抑制的預拉力（看得出中間構件受拉還是受壓嗎？）同時，由於上述系統屬於平面系統，另外配置了橫向的斜拉索來維持整個結構的水平穩定性。

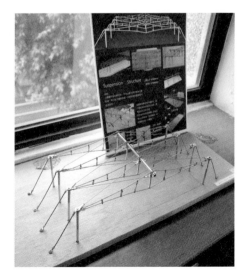

以模型探討構法設計

1921 年竣工的日本舊樞密院廳舍，被認為是為了國會議事堂的建設而興建的試作品，當年所製作的二十分之一縮尺配筋模型被保存至今，從基礎到屋頂，將幾乎所有主要構件及一部分樓版與牆的鋼筋配置，乃至彎鉤、錨定、開口角隅補強等細節都寫實呈現的精巧程度，令人嘆為觀止。鋼筋混凝土在當時還算是發展中的新式構造，可以想像這樣的模型大概是為了探討構法及工序或提供施工現場參考而製作。

現今在建築構造課程或結構課程中，也常要求學生製作類似的 RC 配筋或鋼骨接合細部模型來熟悉構法設計。接合部的有效性取決於應力是否能如預期般在構件之間傳遞，因此構法設計不只是構造問題，也是結構問題。

既然模型製作就是微型的構築過程，除了驗證結構要「如何站起來」，也可用來探討結構要「怎麼被蓋出來」，特別對於幾何形狀複雜的形抗結構、接合部位眾多的桁架結構和需要施加預力的拉力結構，模型能用來研究立體曲面的單元或模版如何分割、多重方向構件交會的接頭如何設計、特殊造型構件如何製造與加工，及預製構件和拉力構件的假設支撐與組裝方式。雖然模型構法的寫實度也受到材料、工具和尺度的限制，但對於初學者而言，透過動手做（Hands-on）的演練來熟悉真實材料必有重量、厚度、介面、變形等特性才是重點。在製作這類模型時，應當要求學生儘量減少或不要使用黏膠，改以機械式接合，如栓接及榫接來續接構件，或者對金屬構件使用焊接，以訓練其使用工具、規劃工序、設計細部的能力；同時可讓學生記錄製作過程，說明材料的運用與接合方式是否達到預期

樞密院配筋模型

從這座模型中可發現許多配筋細部與現行標準作法相異之處，左側的入口處混用了拼接鋼骨柱梁，鋼骨與 RC 部分的鋼筋交錯及基礎錨定細部也仔細地作出來了。

RC 柱梁接合部配筋模型

仔細追究的話，會發現這座模型左側的梁主筋比右側的梁主筋還要高，實際上 X 向和 Y 向的梁通過同一柱頭時，兩向梁主筋勢必衝突而不可能位在同一水平高度上，但是結構設計在計算斷面強度時是否考慮到這點？

漂浮的雙曲拋物面模型（林修民、李旻辰）

雙曲拋物面是最常被應用在建築結構的立體曲面形狀之一，原因是它雖然屬於不可展開曲面（Non-developable Surface），卻能夠以直線來組構。這座模型示範了先以竹筷鉸接成對邊兩兩不平行的歪斜四邊形，再以直鐵線等距架在對邊之間，其連續變化的斜率從對角線觀看時會自然形成上凹或下凹的拋物面。

曲面立體桁架模型（郭亭勻、李柏毅）

這座形狀優美的曲面桁架全以直線構成。上弦為壓克力構件，透過夾合於兩端的小型鐵件以螺栓於節點接合；下弦為短鐵線，節點處以點焊接合。

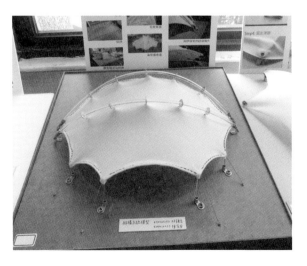

拱支撐的帳篷式薄膜模型（林穎秀、陳芃安）

這座模型活用了各種手工藝及電子零件，配合應用部位做出輥接、鉸接及固接等不同形式接頭，並以縫製加固處理薄膜的收邊。背後的說明版面詳實記錄了從基礎支承、構件定位、假支撐、薄膜安裝到拉緊施加預力、收邊的製作過程。

的結構行為，例如彎矩接合應於構件受彎外緣而非構件中央續接、桁架結構節點之接合應令所有構件延長線通過同一點以免產生偏心力偶等等。

模型載重試驗的有效性

Mario Salvadori 的建築生與滅二部曲[1、2]明示出在學習結構時，理解結構破壞的原因和理解結構生成的原理同等重要。結構破壞問題的重點不只在求出結構能承受多大強度，更重要的是了解結構破壞機制與破壞過程。從哪裡開始破壞、因為何種應力造成破壞、呈現何種破壞性狀，先了解破壞才能夠了解如何避免破壞、施予補強，或控制破壞行為以將損失降到最小。

足尺結構的載重試驗一向是結構研究中用來理解破壞機制的有效工具，然而足尺結構試體的構築和試驗成本也相當高昂，需要完善的試驗設計、測試設備及充足的技術人員配合，並且風險程度較高。對一般結構教學而言，使用模型進行載重試驗似乎最為簡單可及，且能搭配模型製作的作業進行（亦即，先讓學生做出模型再把它弄壞）；模型載重試驗也常被用於學生競賽，例如國內土木科系校際活動中的紙橋載重競賽，及國家地震工程研究中心每年舉辦的抗震盃，除了相關科系的大學生與研究生，也有高中生組的賽制。或許由於人性中具備潛在的破壞欲，初學者對於載重試驗通常顯得興致盎然，能表現出較佳的參與度，

---

1. 馬里奧‧薩瓦多里 (2004)，《建築生與滅：建築物如何站起來？》，台北：田園城市。
2. 馬昔斯‧李維、馬里奧‧薩瓦多里 (2004)，《建築生與滅：建築物為何倒下去？》，台北：田園城市。

然而，為確保學生不是只看了熱鬧，而能確實了解載重方式與試體破壞的意涵，應根據教學目標，設計在妥善控制下進行的試驗方法，並由指導者解說或協助學生分析試驗結果所代表的結構行為。

Soto-Rubio[3] 提供了在密西根大學陶布曼建築學院（Taubman College of Architecture）大學部結構課程所採用的教案：學生以木材製作 1/64 縮尺的桁架橋梁結構模型，原尺寸結構需支撐 48.7 公尺跨距且總深度不得大於 15.8 公尺，模型本身重量不得超過 113 公克，且需能支撐至少 22.6 公斤的載重；作業分為三個部分進行：初步設計與分析、設計發展與測試，及測試後分析與記錄；學生在測試前的設計階段需要以結構分析計算出所有構件內力，根據容許強度決定構件斷面尺寸、計算自重並預測結構強度及可能破壞模式；測試階段以逐步增加數量的磚塊加載於模型直至破壞，學生需記錄破壞情況及最大載重，最後將整個作業過程整理為報告並提出結構改善建議。

上述教案能讓學生熟悉材料、構造方式與結構行為之間的關係，並有機會以實際案例演練一般只針對假設例題的結構分析運算，但由於對材料種類、用量、載重及尺寸等結構條件的限制，其訓練重點較偏向結構的效益性思考而非創意性思考。

相對地，我曾將模型載重試驗分別用於研究所及大學四年

---

3. Soto-Rubio, M. (2017). "The use of physical models to teach structures in architecture school: a pedagogical approach", Proceedings of the IASS Annual Symposium 2017, paper no. 9548, September 25 - 28th, Hamburg, Germany.

級的結構整合設計教學，而非大學部低年級的結構課程中。模型載重試驗被設定為課程初期的短期設計，目標是訓練過去在一般建築設計中鮮少考慮結構因素的學生在正式開始結構整合設計前，先練習在結構要求的限制下發揮創意思考。載重試驗在這裡主要用來驗證與評量模型是否具備足夠的結構性能，並透過破壞過程展示模型結構行為。

在開設於研究所結構組的「結構與造型整合設計」課程（附錄2），限制模型結構的材料（灰紙板）、用量（A3大小）、構造方式（不得使用膠材）、跨距及尺寸，但並不要求學生執行結構分析，評分方式則結合了創意性及效益性的衡量標準；此設計時程約為3週，因此學生可每週與教師討論結構系統的設計發展。大學四年級的「建築專題設計」中，模型載重試驗則以一週的快速設計方式進行（附錄3），同樣限制模型結構跨距及尺寸，但並不限制材料、用量及構法，取而代之的是在載重測試前為模型秤重作為評分參考，以鼓勵學生使用輕量結構系統。兩門課的載重測試過程都有結構教師與設計教師共同參與，依據每座模型的破壞性狀解說其受力行為。

讓學生製作載重試驗用的模型時，最好給予量化的限制條件，例如跨距、高度、材料用量等。載重大小及加載方式則視教學目標而定，如果目標是設計在某一需求載重下安全的結構，則不一定會加載到破壞，其他情況則應該儘量加載到破壞為止，並讓學生詳細觀察破壞過程，分析破壞原因。

應注意的是，雖然載重試驗能夠相當程度驗證模型結構的合理性與結構行為，但縮尺模型的試驗結果並不能直接為

原尺寸結構的安全性與強度背書，主要原因為縮尺造成的尺寸效應，載重與構件強度並非成等比例縮減。結構體自重與體積成正比，隨縮尺比例成三次方縮小，但構件強度則以面積計算，隨縮尺比例成二次方縮小，因此結構的強度／載重比會隨縮尺而提高，與重量和構件尺寸比例有關的結構性質，例如基本振動週期也會改變。此外，縮尺結構通常採用與原尺寸結構不同的材料及細部構法，破壞模式不見得一致。

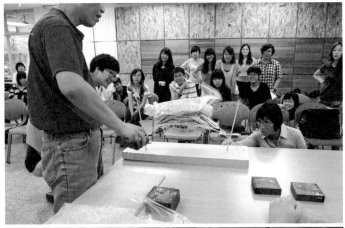

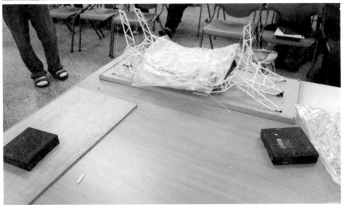

2012 年建築專題設計快速設計載重測試情景，使用米袋和鐵塊來加載。

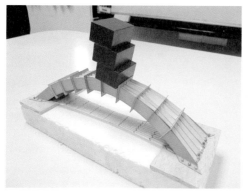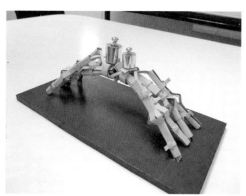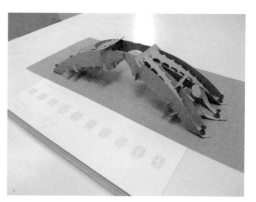

2010 年結構與造型整合設計第一次設計（左至右，上至下：鄭慶一、
簡子婕、王華婉、吳典育）

可能由於限制條件較多，有些學生便採取了較為典型的結構最佳化設計策
略：對稱、形抗及符合應力分布的型態，如左上及右上；但也有學生反其道
而行，企圖以創意取勝，呈現兩極化的發展，如左下將紙板裁細後如結繩般
編織串接，右下將紙板切割成仿生造型，整張折疊後以卡榫固定為立體型
態。

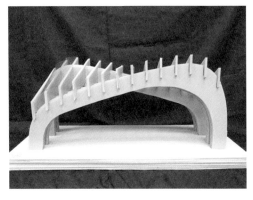
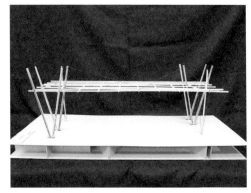
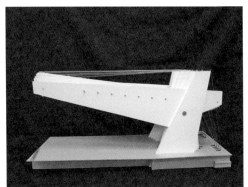
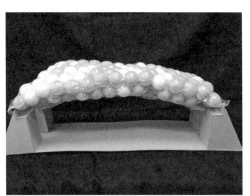

2012 年建築專題設計快速設計（左至右，上至下：張博閔、林育瑄、林宛暄、劉佳恬）

雖然不限制材料和構法，還是有些學生會從題目的框架出發，再逐步加入造型的變化（如左上）或朝結構效率化的方向思考（如右上），但也有些學生會故意挑戰規則的界線，如左下（題目並未規定一定要兩側支承），或者使用非建築正規構法，如右下以真空袋包裝的乒乓球。雖然面對相同的結構問題，卻幾乎每個人的解法都不同，再透過載重測試來一較高下，對學生而言是相當刺激的練習。

透過模型「臨摹」實際結構的案例分析

案例分析（Case Study）是建築設計教學中常用的方法，在結構教學中則較少出現，然而，分析實際案例是讓學生學習結構理論如何具體應用的重要工具。結構案例分析主要涵蓋的層面包括：結構體之識別、結構系統之指認、水平與垂直載重下傳力路徑之分析、材料運用之妥適性、構件與接點細部設計、結構與建築造型之統合或結構本身的造型表現性等。

由於一般建築案例資料多呈現最終完工圖面及照片，較少深入談論設計過程及施工過程的技術性內容，此類資料即使能取得，也常不完整。初學者對於只由文字敘述呈現的工程技術性資料經常無法充分理解，或無法具體想像專業名詞所指稱的物件和概念到底是什麼。特別是透過翻譯的外文資料，可能因為譯者的專業程度不足或慣用名詞不同而造成錯譯與誤讀。

為彌補此類問題導致結構案例分析成果不如預期，可以採用模型作為輔助。根據能夠取得的資料，讓學生嘗試建造實際案例的結構模型，如同透過臨摹名作學習繪畫的概念，在試著重現實際案例結構的過程中，必須先蒐集足夠的資料並加以吸收，再將文字及圖面資料具像化，研究建造程序，從模型製作過程理解其結構原理，並討論模型與實際案例結構之差異。

「結構與造型」這門課，針對已經修習過結構學與結構系統，對於結構和建築設計都有一定程度認知的建築系高年級學生，從技術史和實例研討的角度討論結構與建築的互動關係。此課程的期中作業要求學生觀察身邊的結構物，

指認結構體與結構系統並分析傳力路徑，撰寫報告；期末作業則為分組進行特殊建築結構案例之分析，製作結構模型、課堂簡報與書面報告。相較於大三結構系統的模型作業，此期末作業以較多人數合作執行（5-7 人一組），進行時間較長（約 8 週），並且安排一次中間報告，以確認執行方向與進度；模型上亦附有說明版面，但並非說明模型製作過程，而是以 500 字左右的文字，說明建築物相關資訊及其結構或構法設計特點。這些「臨摹」模型的角色綜合了結構合理性的驗證與構法的探討，如果沒有正確理解案例的結構原理，建造出來的模型就會呈現若干程度的失真或甚至無法穩定站立。多人數與較長時程的作業方式，讓學生能夠製作比例較大的模型來研究構法細部，並針對技術性資料深入討論。

綜合上述，活用模型製作能讓結構教學變得更有趣，更貼近實際應用，因而更容易被建築系學生接受。模型製作的重點在於製作過程，而不只是完成的模型，如同大部分的學習歷程，初學者乃從失敗的嘗試中累積經驗，因此在過程中應能與指導者討論以了解嘗試失敗的原因，並透過將過程記錄下來以整理學習心得。模型的建造和實尺寸建築物的建造一樣，都需要整合性地考慮施工、結構、機能、空間與時間，但是模型破壞並不會如實際建築物倒塌一樣造成人命財產的重大損失，因此可鼓勵學生儘量嘗試各種不同材料與組構方式的可能性。

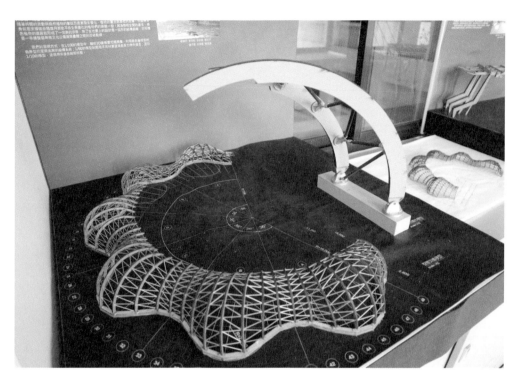

結構與造型期末成果 - 卑南文化公園入口廣場結構模型（鄭伯耘、張家維、劉治平、鐘予萱、洪翊琇、陳玥溱）

如果只看剖面圖的話，無法理解為什麼只有單點鉸接支承的弧形集成木梁能夠穩定站立。這組案例分析製作了比例較小的全體模型驗證其立體結構組織，再製作了比例較大的局部模型探討構件連接方式，其中木梁底部的鉸接構件乃是以 3D 列印製作。

結構與造型期末成果 -
Killesberg Tower 結構模型（陳
正維、陳俊翰、陳怡如、許恆、
黃玟瑄、林格、林家瑄）

為了將構件尺寸縮到最小，這座
塔的柱底是鉸接，看似從中央柱
依靠懸臂伸出的平台梁支承處竟
然也全是鉸接，以輕量結構著名
的結構設計家 Jörg Schlaich 到底
是怎麼用外周的拉力索網讓它達
成穩定的？實際做做看才會發現
並沒有看起來那麼簡單。

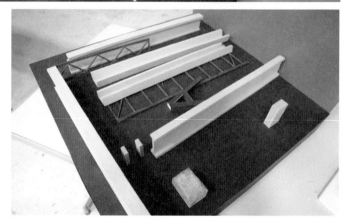

結構與造型期末成果 - 平衡之
屋（Hemeroscopium House）
結構模型（李宜臻、陳詠載、
魏惟、莊智珩、李佩安、李秉
勳、楊詠筑）

為了呈現這棟建築物以形狀及材
料各異的預鑄構件透過巧妙的平
衡方式組合起來的特點，學生們
製作了能夠依照實際搭建順序組
裝的分解構件模型，並且還嘗試
分析了各構件的內力分布。

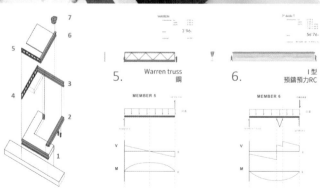

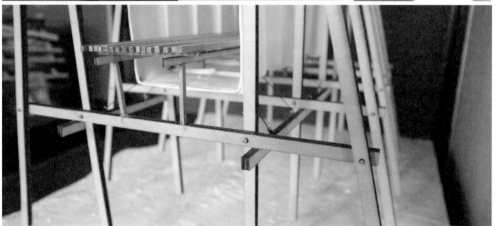

結構與造型期末成果 - 女巫審判受難者紀念館（Steilneset Memorial）
結構模型（吳崇文、陳冠亨、黃譯鋒、張非民、陳靖涵、盧欣妤、
王淳宜）

乍看平立面與構造都非常單純的這棟建築物，以重複的平面木構架支撐內
部由方管狀薄膜包覆的空間，然而交錯的木構件因為厚度的關係，其實是
無法在同一平面上接合的。學生們詳細研究了圖說之後，找出構件的組織
關係，寫實地重構出來，並且用完成的模型驗證了如何透過斜構件的組合
讓內部為四邊形的基本框架得以穩定。

微構築

模型尺度之結構體現

AND 建築模型展

時間是 2011 年的秋季，再過兩天就要進入 11 月的台南，
天氣依然燥熱，在不久前剛落成啟用的綠色魔法學校內
部，因為優良的通風設計依然維持著合宜的室溫，但在建
築物外頭等待貨櫃車到來的學生們，幾乎每個都是短袖短
褲的打扮。

從貨櫃車上卸下來的，是一個又一個的建築模型，總數超
過百座，它們已經在日本巡迴旅行了十個地方，這是第一
次飄洋過海來到國外展出，也是在台灣首次舉辦，以工學
為名，以知識傳遞為實的建築展。整個展覽的精神匯集為
三個字：AND=Archi-Neering Design。Archi-Neering 是策
展人齋藤公男教授的自創詞，他模仿 Buckminster Fuller
命名「Tensegrity」（=Tension + Integrity）的方式，將建
築（Architecture）與工程（Engineering）融合為一個字，
用來表現結合創意與技術、工程合理性與空間美感的設計
思維。展覽的形式是以一般人也能夠容易理解的前提來思
考，在日本巡迴展的海報上，說明展示內容的關鍵句是這
樣的：「透過模型賞析世界建築的樂趣」（模型で楽しむ
世界の建築）。

模型，配合少量的圖說和文字，就是 AND 展覽的主角；
和通常用來表現外觀造型或空間感的一般建築模型不同，
在這個展覽中，模型表現的是結構，系統組成、力學行為、
接頭細部、構築方法。有些模型以寫實的方式呈現結構系
統的整體或局部，有些模型以簡化、抽象或代換的手法解
釋一種特定的力學概念或幾何原理，訴諸的是觀展者內建
於身卻不自知的物理直覺。協助布展的學生們打開裝載模
型的紙箱，驚訝地發現有些紙箱裡放著日本茶碗、磚頭大

的木塊、砝碼與鐵鍊等意想不到的物品，彷彿隨手抽出日常生活的一角，都能成為結構。

我是在 2010 年的年底受到時任成大建築系主任的姚昭智教授委託與台大合作籌辦 AND 台灣展，提案的來源則是在台日建築學界之間長年扮演橋梁角色的加藤義夫教授。我對齋藤公男教授並不陌生，因為在我任教的第一年，即受他的著作[1]啟發而編寫了一門新課程「結構與造型」，加上當時我們也正籌劃 2011 年初的跨越結構工作營，能在同一年內舉辦兩場以結構為主題的盛事，何等難得。展覽時間恰好配合上成大 80 年校慶，因此得以獲得校慶活動經費的挹注，並央請具備豐富編輯及策展經驗的蕭亦芝小姐協助專案企劃。

我至台北和加藤義夫教授及台大陳亮全教授討論後，確立了先在成大，後在台大各舉辦一場展覽，兩校及共同分攤在台經費的基本架構，模型往返台灣的運費則由日本建築學會負擔。2011 年初我再至日本大學與齋藤公男教授及主責展覽的宮里直也、佐藤慎也兩位助理教授當面洽談執行細節。在日本巡迴展時，為了便於移動並適用於各式各樣的展場，他們發展出簡單而有效率的展示設計：以可收折疊放的大型紙箱作為展架，上面放置統一尺寸的厚木板，木板表面張貼展示版面，包括模型放置的區域，及以不同底色區分類別的解說文字。模型各自包裝編號後，附上詳盡的組裝說明及完成照片，另外裝載在運送用的紙箱內。除了宮里與佐藤兩位教授在兩場展覽前專程來台指導布展

---

1. 斎藤公男 (2003)，《空間・構造・物語─ストラクチュラル・デザインのゆくえ》，東京：彰国社。

以外，齋藤教授並提議配合展覽期間訪台一週，發表演講。

張貼在展示版上的解說文字原本當然都是日文，既然來到台灣展覽，所有內容必須翻成中文。此時齋藤教授拿出的是日本巡迴展期間只在展場販售的展覽手冊[2]，內容收錄所有模型照片與解說內容，系統性地分類為八大主題。

展覽手冊中收錄的文字和展版上的解說是相同的，既然裡頭大部分的內容都需要翻譯成中文，何不乾脆將整本手冊翻譯成為專書在台灣出版呢？我們的提議馬上獲得齋藤教授的首肯。專書的編輯出版委託了田園城市出版社，先交由一般日文譯者進行翻譯，再由我負責審閱並修正初步翻譯後的文字，由於文字相當大量，部分內容拜託了北科大楊詩弘教授與郭耕杖教授給予協助，終於在展覽結束不久後出版了《世界建築的八種工學解剖》一書[3]。

另外，我們也在成大展場增加了「台灣現代建築的 AND」展區，並邀請到包括台中歌劇院、九二一地震教育園區、台北 101、車埕木業展示館、向山行政中心等共 11 件近年完成於台灣本土的精采作品展出，各件作品的設計事務所不但慷慨出借建築模型，建築師們也盛情支援展覽期間每個週末的座談導覽活動，展現了台灣建築界中蓄勢待發的 AND 能量。

---

2. 財團法人日本建築學會 (2008)，《アーキニアリング・デザイン展》，東京：日本建築學會出版
3. 財團法人日本建築學會 (2011)，《世界建築的八種工學解剖》，台北：田園城市。

1. AND 展覽海報。
2. AND 展模型抵達成大展場。
3. 作為模型展架的紙箱一一就定位。
4. 開箱。
5. 將模型與說明版一一安置在展架紙箱上。

1	4
2	5
3	

1. 日本大學宮里直也教授指導模型組裝。
2. 成大藝術中心展場專家導覽活動。
3. 綠色魔法學校展場盛況。
4. 齋藤公男教授演講主題：建築之翼。
5. 齋藤公男教授講解張弦梁的原理。
6. 齋藤公男教授與工作人員合影。

成大的展覽執行與當年度的大三「結構系統」課程整合，作為一種參與式的學習，修課的學生協助展覽的布置及撤收、修復在舟車勞頓下不幸受損的部分模型、排班顧展、聽取演講，比一般觀展者更深入接觸展覽內容。

數量如此龐大的模型，究竟是怎麼構思，花了多少時間製作的呢？齋藤公男教授從好幾年前開始，在暑假召集學生，以類似工作營的方式，每年製作幾組模型，慢慢累積到這樣的數量，而且還在繼續增加中。學生分組選擇想要製作的建築案例，研讀資料，解析其結構系統，再和指導者討論模型該如何呈現，才能有效傳達其設計概念與工學內涵。在 AND 展覽中，模型作為一種敘事法，以多樣化的面貌出現，光是探究模型的表現形式，就能發掘許多資訊。

結構骨架模型

常有人將結構比喻為建築物的骨骼，雖然在承受載重時，肌肉也發揮了同等或更大的作用。結構骨架模型有如 Gunther von Hagens 的人體奧妙展（Body Worlds），將建築物的屋頂、立面等非結構性的外皮去除，露出裡頭的筋肉與骨骼；有時截取局部肢體，或將關節放大，展示精妙的細部設計。

畫面前方的 Jean-Marie Tjibaou Cultural Centre 和後方的仙台媒體中心都採用了典型的整體結構骨架模型來呈現，但表現方式略有不同。Jean-Marie Tjibaou Cultural Centre 的量體小，因此以較大比例的模型來呈現材料與構造細節，非結構作用的裝修和屋頂被去除或剖開，以露出組成複層外牆的集成木桁架結構。仙台媒體中心量體較大，骨架模型的表現經過大幅簡化，只留下每一層的剛性樓版和貫穿其間的 12 組垂直結構核，看起來就像是電腦結構分析用的線構架模型，極簡的表現法也突顯出結構核有兩種角色之別：均勻分布在四個角落的大核，以兩向交叉構件組成三角形分割，負責抵抗水平載重；其餘八組較小的核則以單向扭轉構件組成，只負責垂直支撐。

丹下健三的經典作品國立代代木競技場，其懸索結構屋頂獨特的形狀，在 1960 年代初期進行設計時，也是以縮尺模型來決定的。年輕時的齋藤公男教授當時正在負責結構設計的坪井善勝研究室門下攻讀學位，參與製作了眾多的結構模型來研究懸索屋頂的形狀。實際設計在以模型確定了屋頂形狀之後，並不使用纜索，而改用剛性較高的鋼骨構件來構築屋面結構。AND 展出的骨架模型由於縮尺後材料重量與剛度的比例改變，模型無法靠自重維持穩定，因此也並非使用真的繩索，而是以硬鐵絲和卡紙依照最終建造形狀彎曲或裁切成形，表現出乍看像是纜索自然懸垂的曲線，和實際設計的作法亦有異曲同工之妙。

這兩組是將結構物的局部放大，呈現接頭構造細節的模型，上方是一座醫學中心 Rhön-Klinikum 的半戶外空間頂棚細部，原結構是帳篷形的立體拉力結構，但卻不採用薄膜，而採用覆蓋玻璃瓦片的索網結構，玻璃耐受變形的能力極差，但索網卻很容易在風力下振動變形，玻璃瓦片的安裝構法經過特殊設計，能夠同時滿足結構和排水機能的需求。下方是龐畢度中心造型特殊的柱梁接頭細部，為了減少柱的應力負擔，結構設計者 Peter Rice 將柱梁節點設定為鉸接，讓柱左側桁架傳過來的垂直力由右側懸臂梁末端的拉桿來平衡，則柱像是桿秤中間的支點一樣，只需承擔軸力而不承擔彎矩。Peter Rice 將懸臂梁與柱梁節點設計成一體形狀特殊的變斷面構件，其骨骼般的形態反映了應力的變化，整合了結構和構造的美學表現。

力學／幾何概念模型

結構其實是一門關於「簡化」的學問，因為最短的傳力路徑即是最佳的傳力路徑，幾何秩序的建立，往往就是結構組織的建立。這一類的模型透過將原本複雜的構件簡單化，或取材現實物件作為比喻，來說明各種結構案例的力學原理，及複雜結構幾何型態的基本構成概念；其重點在於示範結構系統如何由繁化簡，從看似複雜不規則的混沌中找出秩序。

羅馬時代的萬神殿、聖索菲亞大教堂，和文藝復興時期的百花大教堂，都是歷史悠久的工程奇蹟，在這裡使用了茶碗、紙牌、圓篩等日常生活中的物品來譬喻，雖然並不盡然忠實重現其結構行為，但讓非專業的觀展者也能夠一目了然地了解這三座圓頂在型態與系統構成上的根本差異。

繩索自然懸垂而穩定時呈現的懸垂線（Catenary），代表均勻自重下斷面只
承受純拉的形狀，西班牙建築師高第（Antoni Gaudí）發現將此形狀上下翻
轉，則成了自重下只受純壓應力，而不存在彎矩和剪力的拱，亦即懸垂線拱
（Catenary Arch）。高第將此原理應用在複雜拱結構的找形問題上，利用懸
掛載重的吊索模型試圖找出應力最小化的拱頂型態。這座模型將拱頂與懸索
並置在同一片基礎版上，直接呈現了純壓結構與純拉結構的上下鏡射關係。

北京國家體育館（俗稱鳥巢）看似隨機交錯的線條內，隱藏了單純的雙鉸桁構架，以轉動對稱形式構成橢圓形平面後，再添加額外的構件掩蓋內在的規則秩序。將此概念的各步驟分別製作成模型，並置起來便像分解動作一樣顯示箇中奧妙。

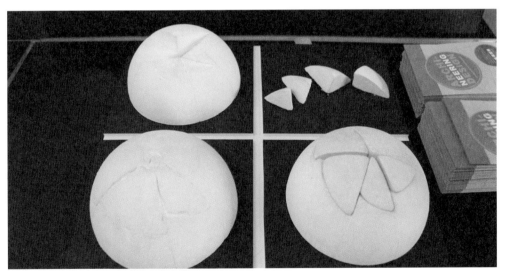

雪梨歌劇院在建築造型與結構效能及構造經濟性之間出現衝突，而於建造過程中遭遇重重困難，最後的解決方法是將造型修正為不同大小的局部圓球面，分割後再組合的形狀，由於球面各處曲率相同，可以使用通用形狀的模具，並結合預鑄工法來縮短工期。這裡的模型鼓勵觀展者動手把弄，體驗複雜型態也能由規則幾何形狀來組成的概念。

互動式模型

相較於文字敘述與箭頭圖示，讓觀者經由觸覺和視覺，體驗材料變形或反饋的趨勢，更能直接傳達力的作用。以下這些模型利用容易看出變形的軟質材料（珍珠板）製作，透過觀展者能動手施加載重，感受結構反應的互動形式，將說明版上的結構原理具體化。

一般的簡支梁（後方）在垂直載重下會發生下垂變形（撓度），並於梁的底側產生拉應力，鋼筋混凝土預力梁（前方）的原理即是在受拉的梁底側埋置鋼鍵，拉緊鋼鍵時，梁受到反作用的壓應力，能夠抵銷撓曲引致的拉應力以及下垂變形。這裡的模型在梁底部鋼鍵的兩端安裝了蝴蝶螺帽，觀展者可以調整鋼鍵的鬆緊，感受預力大小不同的效果差異。

壁式結構在沿著牆壁的面內方向（平行壁面方向）承受水平力時非常剛強，但若是面外方向（垂直壁面方向）受力，則非常容易撓曲變形（左二模型），如果為此增加壁厚，自重和地震力也會增加，並不是最有效率的作法。在樓版的左右外側加上軸力構件（左一模型），構成複合系統的話，就能利用左右一拉一壓的力偶來抵抗撓曲，抑制整體變形。

這兩組懸臂梁，左側是普通的范倫第構架，也就是剛構架，右側則在構架內部加上了斜撐，在懸臂梁末端垂掛的籃子裡放置重物，就能夠從兩者撓度的差異，了解斜撐在抑制變形上的明顯效果。

AND 展的模型，讓我回想起我在大一圖學課學到最重要的一件事：建築設計不應該用文字來表達，而應該用圖面來表達。那麼，比起數字和算式，能夠拉伸、壓縮、彎曲，演示立體幾何關係的實體模型，才是最適合用來傳達結構概念的形式。無獨有偶地，近年在歐洲與美國，也開始運用實體模型製作來保存、展示、傳承結構工程技術並彰顯其文化遺產價值 [4]。

4. Möller, E. & Nungesser, H. (2017). "Steps towards a cultural center for structural design – an interface between the engineering profession and the public", Proceedings of the IASS Annual Symposium 2017, paper no. 9488, September 25 - 28th, Hamburg, Germany.

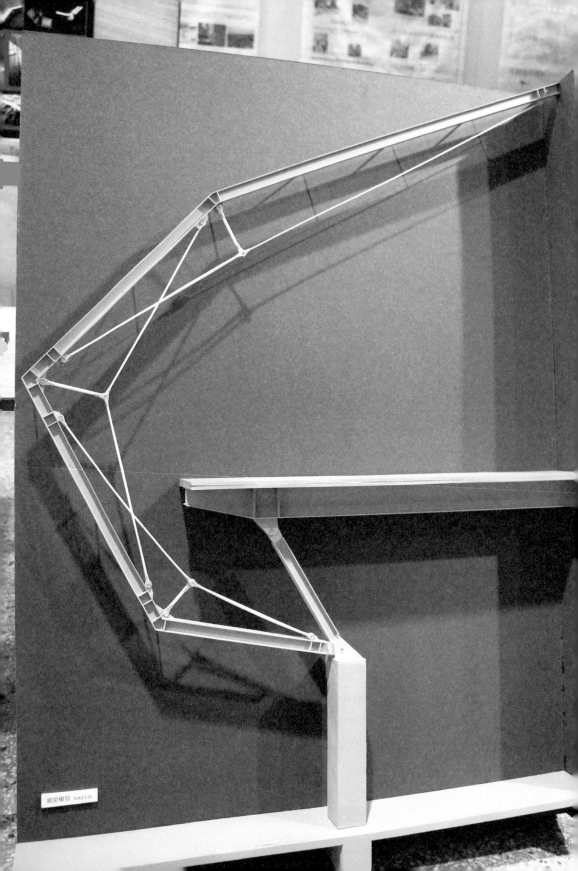

細部模型 SCALE 1:20

SDG「跨越」結構工作營

早在 2010 年的秋天，當時仍在日本 SDG 工作的陳冠帆技師和我聯絡，提議在成大建築系舉辦由 SDG 指導的結構工作營。冠帆和我同樣從建築系結構組許茂雄教授研究室畢業，雖然在校時間並未重疊，卻常在各種場合碰頭，他碩士畢業後進入日本 SDG 時，我已結束由國科會千里馬計畫支持在東京大學的一年短期研究，到國家地震工程研究中心擔任博士後研究員，並於 2006 年回到成大任教。明明沒有直接的交集，冠帆仍秉持著超乎常人的熱忱找上我，提出合辦工作營的構想。

SDG 的全名是「**構造設計集団**」（Structural Design Group），「構造」這兩個漢字在日文裡代表的是「結構」（Structure），與中文的「構造」意義不同，對於非專業的人來說很容易弄混。由渡邊邦夫先生於 1963 年所創立的 SDG，不止是在日本，在國際上也是知名的結構設計事務所，設計過不計其數令人驚豔的結構設計作品，光是在台灣，就有卑南文化公園、九二一地震教育園區、台灣歷史博物館、向山遊客中心、桃園機場第一航廈改建等眾多著名建築。SDG 設計的特色是，創造出獨特結構美感的同時，也不斷在挑戰嶄新的結構設計思維，幾乎每件作品的結構系統都截然不同，少有慣用的風格，而著力於開發從未見過的結構形式與材料運用方式。

在當時，成大建築系雖然經常邀請國外著名建築專家學者來台演講，或舉辦工作營，但內容多為建築設計或都市規劃取向，從來沒有舉辦過以結構為主題的工作營。工作營的主要目標是什麼？要教給學生什麼？要用什麼方式操作？學生是否要先具備一定的結構程度？等等的問題一一

浮現。對此，SDG 提出了由渡邊邦夫先生帶領事務所內六位工程師全程指導的慷慨提案，參與的學生能隨時面對面與專業結構工程師討論，因此學生的結構程度高低便不是問題，同時指導的方式也不同於平常單向、循序式的課堂教學，而是直接投入實作，再針對操作過程中遭遇的問題，講述對應的概念並引導學生思考解決對策。這種好似游擊戰的點狀主題式教學，乍看欠缺效率，卻較為貼近實務界的訓練方式，比起只用眼睛或耳朵記憶的知識，親身操作過的知識更像是用整個身體去記憶了一般，易於內化而不易遺忘。

綜合考量成大建築系的師生組成與設備條件後，擬定了工作營的基本執行策略：

1. 模型建造之實作練習──藉由結構模型製作的過程，來體會結構設計的內涵與奧妙，是模型實作的主要目的。SDG 提供了十棟過去在國際競圖中落選的結構設計案例，每一棟都各具特色，來作為實作練習的操作案例。實作練習的第二個目的，是要學生們不只扮演設計者，也要扮演施工者的角色，站在施工者的角度來看設計。透過模型的建造來模擬實際施工的狀況，例如組裝構件的時候要先做好假設支撐、預鑄單元的銜接、上部結構與基礎如何連結等等，從模型階段開始了解施工者可能遇到的困難，也能夠累積構法的訓練。

2. 研究生與大學部之垂直整合──成大建築系為台灣唯一在研究所設有「建築結構組」的建築系，在這次工作營中，動員了 11 位結構組的研究生及畢業生，再另外招收約 50 位大一到大四的大學部學生，並且在分組時，讓每一組都能平均分配到研究生和大學部各年級的學生。

這樣的垂直編組，除了訓練學生與平時不熟悉的其他年級學生討論及合作，也意圖讓研究生扮演指導者與大學部學生之間的橋梁，所有研究生在工作營前一天先參加營前訓練，預習工作流程，了解如何擔任輔助指導的角色，並從指導他人的過程中深化自身對知識的理解。

3. 知識及應用之相互回饋——為期七天的工作營中，前兩天為講學（Lecture），第一天由渡邊邦夫先生介紹 SDG 及工作營目標，並簡介預定操作的十棟案例，第二天則為執行實作所需的前置課程，包括結構系統之基本概念、電腦模型及繪圖工具之操作方法等；接下來以四天時間執行實作，最後一天上午發表實作成果及講評，而下午則再由渡邊邦夫先生以「結構設計的無限可能性」為主題的演講作為總結。這樣的流程規劃，讓學生在接收知識之後，馬上得以投入應用，而在應用途中遭遇困難時，能夠立即詢問指導者，強化知識的吸收，再進一步激盪出新的應用思考。當知識與應用能妥善搭配，即使在短時間內，也能像共振一樣互相反饋，放大彼此的學習效率。

「跨越」結構工作營在 2011 年 4 月 3 日至 9 日之間舉辦，執行期間適逢這一學期的校際活動週（春假），得以不與學期間其他課程互相干擾。緊密而集中的工作流程，搭配 SDG 全面性的專業指導，取得了爆發性的學習成效。為了應付大量構件製作的需求，大一學生在一天內就跟著學長姊學會了相當於學校課程半學期進度的電腦繪圖；系上新近採購的數位製造工具大大地派上用場，多數學生在過程中熟悉了雷射切割機的使用，加速了製造過程，也能夠製作形狀更複雜的構件，提升了設計的自由度；因此，學生們不是只依照分發下來的圖面執行施工而已，也開始嘗試

在原有的設計上進行調整、提出新的想法、重新設計，再
用實作模型來驗證新的設計。另外一些學生則將模型尺度
放大，以盡可能貼近寫實的材料來嘗試自主開發的構法，
並以簡單的加載試驗呈現結構行為。

跨越結構工作營進行流程

DAY 1 ｜日｜ 4／3 ｜理解｜
　　　　　　講題一｜ SDG 介紹及工作營目標說明
　　　　　　• 概念理解、釐清
　　　　　　• 空間理解（構成、動線、面積）

DAY 2 ｜一｜ 4／4 ｜圖面｜量體模型、單元模型的操作
　　　　　　• 結構構成的理解、研究（跨距、系統）
　　　　　　• 量體、形態、空間的 study（空間與基地的關係）
　　　　　　• 研究如何形成模型圖
　　　　　　• 製作模型圖面

DAY 3 ｜二｜ 4／5 ｜實作｜單元模型、局部模型的試作
　　　　　　• 結構單元模型製作完成（完整表達力學概念）
　　　　　　• 局部模型的嘗試

DAY 4 ｜三｜ 4／6 ｜實作Ⅱ｜全體模型 - 切割
　　　　　　• 基地模型的製作
　　　　　　• 底台模型的準備（模型支架用）
　　　　　　• 全體模型、模型部件的製作

DAY 5 ｜四｜ ｜4／7 ｜ 實作Ⅲ｜全體模型 - 組裝
　　　　　　• 模型部件切割
　　　　　　• 全體模型組裝

DAY 6 ｜五｜ 4／8 ｜實作Ⅳ｜全體模型 - 修正
　　　　　　• 全體模型的組裝與修正
　　　　　　• 評圖的圖面製作表現與準備

DAY 7 ｜六｜ 4／9 ｜評圖｜完成
　　　　　　• 模型發表
　　　　　　• 講評
　　　　　　最終講題（公開演講）｜結構設計的無限可能性

渡邊先生親自為學生們講解案例的結構原理。

工作營過程中,除了每一組各自有負責的 SDG 結構工程師
全程督導,渡邊邦夫先生也會不定時地檢視學生們的工作
情況,並藉由操作中的案例,親自為學生講解所使用到的
結構概念。渡邊先生解說結構概念的方式非常深入淺出,
我曾在旁見他對未曾修習過地震工程與結構動力學的大學
生說明阻尼器的運用,他舉出結構動力方程式,卻不講數
學運算,而是以淺顯易懂的物理解釋隱含在方程式中的耐
震與減震觀念(附錄 4),令我大受震撼。也領悟到原來
渡邊先生之所以能如施展魔法般變化自如地創作出眾多令
人驚奇的結構,乃是因為他運用的並不是結構之「識」,
而是結構之「道」。

SDG 提供了十棟結構設計案例作為實作練習的操作案例,
以下擷取其中三組,透過操作過程紀錄、最終成果和學生
們的心得摘錄,來一窺「跨越」工作營跨出了怎麼樣的一
大步。

十棟 SDG 結構設計案例

編號	案例名稱	用途	結構系統	力學體系	指導人員
1	南京體育中心	體育	空間立體桁架	軸力抵抗	宍戶幸二郎
2	深圳奧體中心	體育	空間立體桁架	軸力抵抗	涂志強
3	上海遺跡博物館	文化	PC 預鑄結構	預力抵抗	宍戶幸二郎
4	中南大學體育中心	體育	空間立體桁架	軸力抵抗	彭光聰
5	廣州網球中心	體育	空間立體桁架	軸力 + 形態抵抗（拱）	彭光聰
6	日本岡山塔	商業	PC 預鑄結構	預力抵抗	磯野由佳
7	韓國東大門國際競圖	商業	空間立體桁架	軸力 + 版抵抗	陳冠帆
8	上海世博日本館	展覽	空間立體桁架	軸力 + 預力抵抗	磯野由佳
9	客家文化中心國際競圖	文化	環梁	撓曲 + 形態抵抗（拱）	陳冠帆
10	中部國際機場國際競圖	交通	張弦梁	撓曲 + 軸力抵抗	吳馥旬

南京體育中心

（蔡裕璨、林柏龍、劉哲剛、江佳君、趙彥棻、林雅蓓、蔡翰寧）

從工作營中學到的事情：

學到了體育場施工步驟與管理方式……，未來遇到類似的案子，可提出不同的施工方式與策略。——林柏龍

在模型製作過程中，學著如何發現問題，每個製作步驟都是需要經過謹慎思考的…唯有當你仔細考慮各個細節、計畫施作步驟，每個環節都照顧到了，正確的結構模型才會產生。——江佳君

練習著將圖面實體化，變成模型，去研究結構系統的關係……，現實工程上的事和課本學到的東西差很多，而藉由這樣一起討論的讀圖過程，開始學會課本上的東西其實是什麼。—— 趙彥棻

如果模型做得不美，不是刀功的問題，而是方法錯了，以前會覺得設計的內容才需要被設計，但這次我了解到就算是做模型的方法也是需要被設計過的。 ——林雅蓓

看到了日本人的敬業，禮貌，對模型完美的追求，學到了以結構觀點看建築。——蔡翰寧

南京體育中心乍看為看台加懸臂屋頂之典型體育場結構，所謂的懸臂（Cantilever）只有單側支承，獨自負擔整支構件移動與轉動平衡的支承端通常必須為固端接合，然而在這個設計中，屋頂的懸臂立體桁架結構與底下支撐它的看台卻好像只以鉸接連結於一點，呈現出戲劇性的輕巧感。

操作的第一步是理解結構系統的概念，指導員將結構立面圖以大比例列印出來，張貼在牆上，直接在圖上描繪出力的傳遞途徑與構件連接的細部。懸臂桁架呈現自淺至深漸變形態的理由，乃因為越接近支承端，撓曲彎矩越大；而看似鉸接於一點的支承，乃配合牽曳至桁架尾端的拉索維持轉動平衡而達到彎矩抵抗的效果。像這樣將彎矩分解為拉、壓力偶，由兩支軸力構件或兩處鉸接來取代固接的方式，能夠大幅節省材料的使用，並製造出具有穿透感的造型表現，桁架結構也是根據這樣的原理而生。

學生們理解上述概念後，對照著圖說先製作了單一構架的

1. 南京體育中心
   1/200 結構研究模型。
2. 南京體育中心
   1/100 及 1/200 結構模型。
3. 以注入黏性液體的針筒
   模擬阻尼器。

1/200 模型，用手取代支承，施加載重來感受其受力行為。承受向下自重時，桁架尾端受拉，但若承受往上的風力，桁架尾端就受壓，拉索將喪失作用，因此仍需要配置一組備用的受壓構件。在原結構設計中，將應力較大的受壓構件以黏滯型阻尼器來取代，以透過能量消耗減少陣風下的擺動，在最後製作 1/100 的大比例結構模型來呈現構件接合細部時，學生們便以注入了黏性液體的針筒來模擬阻尼器的作用。

深圳奧體中心
（王華婉、鄭慶一、田倧源、林靜言、翁媛淳、鍾良錚、陳冠竹）

從工作營中學到的事情：

學習事務所案例結構的摸索，如同向大師學習並在跟隨他們所走過的道路中認識結構。—— 陳冠竹

過程中我了解到，從設計到置入結構，是一個很大的學問，不僅僅是空間上，更是材料、地震力風力等綜合的考量，甚至還要加入施工步驟的評估。——林靜言

在施作模型的討論階段，我們耗費最多的心力，然而在製作五百分之一的模型，幾近完成時才發現模型的比例出錯了！重新製作的模型根據上一個模型累積的經驗加以改良，改成用卡榫接合的方式，變得更加穩固。這次工作營真的學到很多，也見識到了國際級事務所的工作態度。—— 田倧源

結構設計就是將元素最純粹化。就像是當你脫去層層阻擋物後的骨骼，是最純粹的美麗。渡邊先生也告訴了我們 Simple is the best。所以不用太過分的建築表面裝修，將架構外露也是種美麗的感受。——翁媛淳

透過自己做出的模型來了解力量的傳遞，如果要檢視一個結構體有沒有缺失，做出模型，從各個角度施加力量，也是一個最經濟、直接的方法。——鍾良錚

深圳奧體中心是一座大跨距圓頂結構，三道立體桁架環梁在空間中以「之」字形交會疊合，定義出充滿動感的幾何形狀。學生們先與指導員及渡邊先生討論，分析三道環梁的受力特性，屋頂開口邊緣的壓力環梁原本設計成不對稱的蛋形，應力較不均勻，因此決定將其修改為對稱的橢圓形，再增加一道圓形環梁連接屋頂面的放射狀懸臂梁，讓應力均勻化。

修正方案的可行性並非透過力學分析，而是直接製作模型來驗證。由於空間結構（Spacial Structure）仰賴三維向度的力平衡，如果只擷取局部或切割成單一平面，無法呈現正確的結構行為，必須製作完整的全體模型。考慮到原結構的規模及構件數量龐大而時間有限，從材料選擇、模型比例、組裝流程到人力分配，需要妥善的事前規劃。決定將桁架梁簡化成片狀，以厚紙板製作 1/500 全體模型，再以壓克力製作可呈現桁架構件連接關係的 1/200 局部模型後，指導員在白板上列出了每天的工作流程規劃，而學生們便像組成了一個小事務所一般開始分工作業。然而，第一次製作的全體模型因為手動放樣造成比例錯誤，學生們本來想蒙混過去，卻被渡邊先生發現。渡邊先生溫和而堅定地要求學生面對失誤重新來過，學生們接受了失敗，並根據上次經驗改良了施工程序和接合方法，重新製作的模型得以更迅速而更穩固地完成。

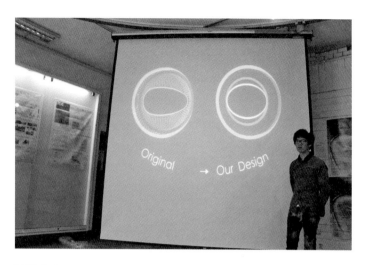

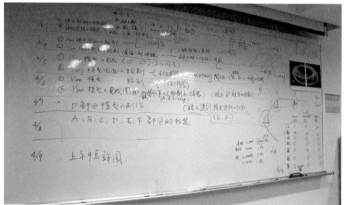

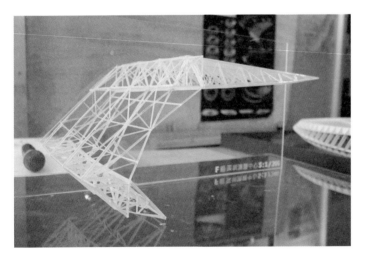

深圳奧體中心 1/500 全體模型，以平面紙板來簡化呈現放射狀排列的桁架，方法是先利用電腦繪圖軟體將立體構件投影為平面，再設計卡榫與環梁部分接合成整體，紙板以雷射切割機切割，可確保構件形狀與卡榫切槽位置精準而便於接合。

深圳奧體中心 1/200 局部模型，同樣以電腦繪圖軟體將立體桁架的每個側面展開成平面後，以雷射切割機一次切出各側面，再接合成立體形。

上海遺跡博物館

（劉子暐、黃宥鈞、劉胤麟、楊佳翰、林士揚、林立璇、簡子婕）

從工作營中學到的事情

從案例探討中得到了很多，包含一些工法、構法或是專業名詞等。也認識了很多的人，從已經在工作的穴戶先生、還有畢業的學長、研究所的學姐、學弟妹們，所擁有的知識、經歷都不一樣。能從不同的角度看事情和討論事情感覺能夠想得更多。——楊佳翰

第一天有點驚訝於我們要花一整個禮拜去做這個模型，有點擔心是不是學不到什麼。想法很快就出來了，但是做的時候完完全全是另外一回事。我想這就是這次工作營的目的，用想的用畫的都只是紙上談兵，做模型才能夠明白想法和實際上的落差。——劉胤麟

從閱讀圖面、規劃進度、選擇材料、到模型施作、模板灌石膏等等，體驗沒有嘗試過的表現方式，除了新鮮有趣，也從中學到了很多。和組員們的討論、協調以及分工合作是這次工作營最重要的部分——林士揚

身為大一幾乎沒有任何知識背景的情況下，對於應力分析、組構解構……等等完全束手無策，但即使不懂這些還是可以在動手操作的過程中體會到一些東西。——林立璇

了解到空間、造型與結構整合的有趣以及重要，除了一般我們在作設計時常思考的造型好不好看、空間感好不好，進而開始追求和探討力學行為以及如何施工營造的方法與過程，透過不同尺度的來回檢討，從較大尺度的力學傳遞，桿件的比例與造型，到細部的接頭與收編，所有事情的協調使得結構本身就傳達出了美感以及力道。——黃宥鈞

上海遺跡博物館乍看像是以白色巨磚一橫一直交錯排列，往上逐漸內縮成山形的疊砌結構，實際上每一塊巨磚皆是形狀特殊的預鑄 RC 單元構件，以預力鋼鍵串接單元後拉緊鎖固，這樣的預力預鑄 PC（Pre-cast/Pre-stressed Concrete）結構是渡邊先生最擅長的系統之一。

由於結構系統看起來似乎非常簡單明瞭，學生們先製作了
1/200 的全體模型，以手施加力量，感受整體的力學行為
與結構穩定性。模型的底部放置了一片鏡子，從結構上方
的開口往下窺視時，就能像站在空間內部抬頭觀看一樣，
看見構件單元的排列。

接著學生們嘗試製作曲面模具，以石膏澆灌 1/20 比例的預
鑄構件，實際驗證組立工法的可行性。然而，第一組模具
就失敗了，以紙板製作的模具表面雖然覆蓋賽璐珞片，卻
無法完全防水，石膏中的水分滲進紙板，導致紙板膨脹變
形。第二組模具以優塑板取代紙板，解決了吸水的問題，
卻又因預力構件套管未能妥善固定而在澆灌過程中移位。
第三次的嘗試再解決了套管位置問題，卻又發現模具材料
過於脆弱，無法承受多次重複使用。最後終於設計出將多
層壓克力板疊合出需要的厚度，以螺桿穿過鎖緊構成，既
堅固又容易拆卸組裝的模具。這過程讓學生們領悟到不是
只有結構體本身，施工方法也需要設計，也會有結構問題。

除了模具之外，石膏與水的拌合比例、替代實際預力鋼鍵
的接合構件及錨定鎖固機制，也都經過了多次的試誤才找
到最佳的製作方式，成功完成相當接近原設計的 1/20 單元
組立模型。

有了單元製作的能力，學生們更進一步設計了簡單的載重
試驗，探討石膏構件內若加入相當於鋼筋的鐵絲，是否能
夠提升強度。結果檢驗了鋼筋混凝土內加鋼筋的重要性，
實證精神也得到了渡邊先生的讚賞。

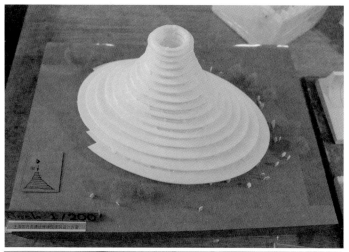

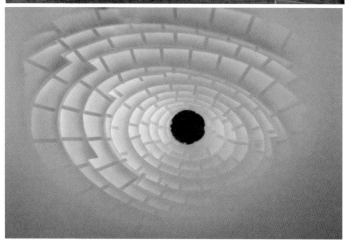

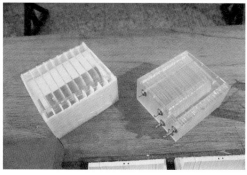

嘗試製作的預鑄單元與模具。

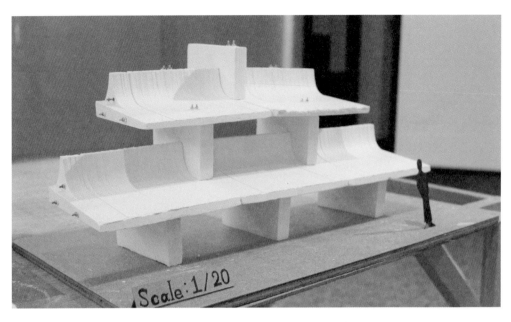

1. 1/20 單元組立模型。
2-3. 未加鐵絲網的石膏預鑄單元，可承受的載重較低，破壞時會突然碎裂成兩塊。
4-5. 加了鐵絲網的石膏預鑄單元，承受的載重較高，破壞時因為鐵絲的韌性而不會馬上破裂。

1	
2	3
4	5

「跨越」結構工作營實現了多重的跨越：設計與結構的跨越、想像與實作的跨越、學界與業界的跨越、年齡與資歷的跨越，因為跨越，才能夠整合。建築專業其實是一種整合多種領域的專業，因此在建築專業訓練中，不管何種領域，勇於跨越的精神都是重要的。這次工作營的經驗讓我確信結構教學並不需要拘泥於理論推演、計算方法或分析工具，而對於建造過程、材料特性及結構行為的理解則應該被強化；這次工作營的實作導向與跨域整合執行模式，也成為後續發展 SSS 結構構築工作營的基礎。

「跨越」結構工作營所有成員合影。

藝術的結構實踐

SSS 結構構築工作營

一起來建造結構藝術吧！

「*Structural Art*」並不限定必須具備空間機能，而是著眼在嶄新的結構思維，並且加入容易組立、解體的目標。自 *2001* 年起在日本建築會館舉行的 *SSS*（*Student Summer Seminar*）工作營，以「聚積或變化的 *Structural Art*」為主題。作品限定在 *SSS* 當天以人力建造完成，再怎麼天馬行空的提案，都必須面對「如何站起來」的現實問題。透過動手體驗材料與構件的行為，從中找尋嶄新結構系統的可能性。

－ *2017* 年 *SSS* 展覽導言，於繼光工務所

轉型的開始

2011 年「跨越」結構工作營和 AND 結構模型展的成功，像是為我注入一劑強心針，在我尋覓建築結構教學新方向的路途上揭示了一盞明燈。當時成大建築系剛開始實施四年與五年並行的新學制，分制初期將四年制稱為工程組，五年制稱為設計組，課程架構自大三開始一分為二，在五年制的課程中，國際工作營、學期實習制與設計學分大幅增加，四年制似乎顯得原地踏步而無所適從，常引發的疑慮是：成大是否會喪失原有的工程強項，一味地追求設計能力提升，卻又無法捨棄既有的工程教學，結果落得工程、設計兩頭空？

面對這個問題，我沒有立即的答案，但隱約感覺到解決的方法必然不是強調專業領域的分化，而是協作；如果設計訓練的需求增加，使得學生的專注力不夠同時分給工程和設計兩方，那麼我作為一個結構老師，就應該主動去擁抱設計，讓兩件事情整合為一件事情。

當時新任成大建築系主任的鄭泰昇教授給了我一項大膽的期許，他說：「你應該轉型成設計老師。」我觀察了設計老師都在做些什麼，他們會開設計課，嗯，然後他們還會辦工作營。因此 2012 年，也就是 AND 展結束將近一年後，我鼓起勇氣寫信給宮里直也和齋藤公男教授，詢問他們有沒有興趣再來台灣合辦一個工作營。

經過幾天我才收到回信，齋藤教授還記得對成大的良好印象，但他年事漸高，想儘量避免長途移動的負荷，因此他提議：「你們要不要來日本？」

我心想：「那更好。」

這就是成大建築系 SSS 工作營的開始，第一次舉辦在 2013 年，不知不覺竟演變成每年常態性的活動，並且一點一點地擴大影響範圍，但在過程中得到最多成長和轉變的，其實是身為指導者的我自己，這是我始料未及的。

從頭構築一個工作營

齋藤教授所提議的，是日本建築學會於每年 7 月固定舉辦的學生暑期工作營（Student Summer Seminar，簡稱 SSS），這項活動由齋藤教授在日本大學主持的空間結構研究室主辦。工作營的主題是「聚積或變化的 Structural Art」，每年的 4 月開始公告徵求設計提案，6 月底收件，提案者需將設計整理成一張 A2 大小的版面繳交，也可以提出不大於 A2 尺寸的模型。所收到的設計提案先經過初審，通過者可於 7 月中旬的 SSS 當天在日本建築會館完成構築，並由設計及結構領域的專家進行最終審查，現場評選出優秀者，頒予獎狀，因此雖然名為工作營，SSS 實質

上也是一項設計與實作競賽。

參與 SSS 的提案除了要考慮「聚積或變化」的設計概念，
也要滿足容易組立及拆卸的條件，因為當天實際能夠建造
作品的時間非常有限，而且評選結束之後就要將場地恢復
原狀。在上述前提下，所使用的材料便應該是容易取得且
容易加工的東西。作品的規模沒有限制，但是要將預算控
制在 3 萬日圓以內，因此實際作品尺寸可能會因預算和組
立的難易度而受限。從這些條件可以看出 SSS 的重點並不
在於構築作品的堅固程度或空間機能，而是在於結構設計
概念的創意。

雖然之前已經有過「跨越」結構工作營的經驗，但是 SSS
的性質和流程都與「跨越」工作營不太相同，而比較接近
一般的建築設計工作營，因此我向設計領域的資深同事簡
聖芬老師尋求協助，籌劃第一屆的成大 SSS 工作營。要召
集平日課業已經非常繁重的建築系學生參加工作營，首先
面臨的是時程的問題；SSS 原本僅針對日本國內學生徵件，
為能提早安排暑假的出國行程，並且凝聚學生的創作力，
我決定將成大 SSS 工作營以兩階段流程進行：首先利用每
年 3 月底至 4 月初的春假期間舉辦系內工作營，以五天半
的時間密集作業，依照 SSS 的規格要求提出設計提案，以
電子檔送交齋藤教授，由他在 4 月底之前選出希望到日本
執行構築的提案；通過初選的設計再利用 5 月至 7 月大約
兩個月的時間，繼續進行設計發展、材料準備及構築計畫，
以參加 7 月的 SSS。

初選工作營採用公開招募、自由報名的方式，不限定年級
或資格，但以高年級為優先，錄取 30 名大學部學生，分
為 6 組，同時仿照「跨越」工作營的作法，在每一組安排

一名結構組研究生，擔任組長兼助教的角色，大學部學生也採各年級均勻分布的垂直整合組成。

工作營實質密集作業的大約四天半當中，多數時間讓學生自由進行，而我會在每天上午和下午前往確認進度，分別與每一組的學生討論、給予建議。工作營的場地是一間大教室，桌椅經過重新排列，每一組各自占據一個角落，所有人在裡頭共同作業，能夠隨時看見其他組的設計進度，也便於彼此觀摩討論。

設計的起點從思考何為「聚積」與「變化」的結構開始，由於工作營的重點定位在「構築」，因此要求學生跳過草圖繪製，直接動手製作模型來執行設計操作，操作通常先以縮尺模型進行，再逐漸放大尺度，開始思考現實的構築問題。

初選工作營在活動最後一天下午舉辦正式評圖，邀請結構領域及設計領域的外部專家一同參與，由於實際上的初選由齋藤教授來決定，外評專家除了一般性的講評之外，也會在假設通過初選的考量下，給予後續設計發展之建議。

第一年所提出的六件設計提案中，有兩件通過初選，再歷經兩個月的設計發展，最後在 2013 年的 SSS 中，取得出乎意料的優異名次。由於參與學生的反應及日本方面的評價良好，隔年及再隔年，都得以取得校方支援繼續舉辦，終於演變成每年例行性的活動。2015 年與當時在東海建築系兼任教授設計課程的陳冠帆技師合作，由他帶領 10 位東海建築系學生分成兩組共同參與；2016 年起，齋藤教授將 SSS 的國際合作範圍進一步擴大，邀請韓國首爾市立大學的李珠娜教授與中國東南大學的郭屹民教授帶領學生參

加，李珠娜教授為此先在四月到台灣來觀摩初選工作營的操作過程；2017 年的工作營成果首次以展覽形式在台中繼光街工務所對外公開；2018 年的工作營則成為成大建築系與台大土木系跨校也是跨領域教學合作的一環，10 位台大土木系學生來到台南，與建築系學生混合編組，共同作業。每一年工作營的操作模式與核心概念雖然是固定的，實際展現的樣貌卻能夠持續累積並進化。

1. NCKU 結構構築工作營 2013 最終評圖合照：前排左一與左二為外評老師富田匡俊先生及黃宜清建築師。

2. NCKU 結構構築工作營 2016 最終評圖合照：第二排中央立者為李珠娜教授，其右方為外評老師陳冠帆技師及黃宜清建築師。

1. 2017 SSS 工作營成果自日本凱旋歸
   來後，在台中繼光街工務所舉行「藝
   術的結構實踐」結構藝術展。

2. NCKU 結構構築工作營 2018 最終評
   圖合照：畫面最右端的四位，由前
   至後分別是外評老師白千勺建築師、
   陳冠帆技師，及台大土木系詹瀅潔
   教授和謝尚賢主任。

整合性的結構與設計教學

在五天半的初選工作營中，實際上不可能，也不要求完成已經能夠在 SSS 構築的完整設計，因此在初期發想階段，會鼓勵學生儘量嘗試各種材料與組合方式的可能性，不要受限於傳統建材和典型構法的框架；而在進入試行構築階段時，則需要協助學生分析整體結構的行為，解釋傳力機制，以克服多數試行階段結構無法穩定站立的障礙。受限於時間與資源，五天內所提出的作品多半只是縮尺模型和初步概念，發展較快者，則能夠以局部足尺模型檢討材料及接合方式之妥適性。

通過初選的小組會在 5 月至 7 月之間以每週一次的頻率持續與我討論，進行設計發展。在 7 月的 SSS 當天，實際能建造作品的時間只有 10:00 至 15:00 之間的 5 小時而已，同時所有材料皆須自行攜至日本，組裝後再拆解帶回。因此設計發展階段的目標除了將作品概念成熟化，解決將尺寸放大後的材料、載重和接合細部問題，也要因應構築時間限制與遠距移動的需求，規劃構件包裝、運送、快速組裝及拆卸的方法，並據此調整設計。

這樣的操作過程整合了設計與結構、規劃與實作，也涵蓋了構法計畫、施工管理與團隊作業，成為一種獨立於常規課程之外的非典型教學模式。

結構分析是我常被問到的問題，在初選工作營以及後續的設計發展中，都不會使用任何手算方法或電腦軟體對構築作品進行結構分析。原因是學生所選擇的構築材料常常不是傳統建材，例如紙板、聚合木料、各種塑膠、壓克力、橡膠、小型鐵件或鋁件、甚至空氣，這些材料可能單獨使

用或組成複合構件，也常呈現不完整形斷面，因此難以決定彈性模數（E 值）與慣性矩（I 值）這些結構計算所需要之基本參數；再者，學生提出的設計提案通常無法簡單地化為結構分析模型，它們多半不屬於教科書上歸類的典型結構系統，甚至有時候連我都叫不出那是什麼結構；而最主要的理由是，結構分析通常用來證明一座尚未被建造的結構設計方案是否可行，但在這個工作營中，「構築」的事實就足以作為證明，能夠自己穩定站立的作品就是可行的結構。

如果不進行結構分析，要如何帶領學生了解眼前這個自由創作產物的傳力機制與結構行為？在初期發想階段，可從構件與構件的接合條件開始，例如構件之間是固接（彎矩接合 = Moment-connection），還是鉸接（剪力接合 = Shear-connection）？只要觀察（當然還要稍微施加一點力量）兩組構件在接合處是否會相對轉動或相對移動就能夠判別。三度空間中的物體需要六個自由度（X、Y、Z 方向的平移和繞 X、Y、Z 軸的旋轉）的束制才能維持穩定，確認了構件之間的接合束制條件，便能進一步分析整體結構之傳力機制屬於撓曲抵抗型（類似梁或剛構架）或軸力抵抗型（像是桁架）。大部分試行階段結構站不穩的原因是束制條件不足，亦即鉸接過多或構件數量不足，了解束制條件的作用機制後，學生便可以選擇調整接合方式、增加構件數量或改變構件組織關係來修正問題。

構件的幾何組織關係會影響整體結構的傳力路徑與發展形態，一對一的連結，或者線型構件的組織容易構成平面結構（Planar Structure），傳力路徑比較清楚而容易理解，但只有單一平面的結構不太能在空間中穩定站立，必須往面外方向延展深度，或與其他方向的平面組合起來；

平面結構要發展成立體構造物時，如何填補或支撐面與面之間的橫向跨距，是最大的問題。假如構件本身為面狀或立體物件，通常採用一對多的接合，則傾向構成空間結構（Spacial Structure），傳力路徑會較為複雜，雖然能夠自然而然形成立體構造物，但其幾何形態往往受到單元接合方式的限制，不容易隨心所欲地發展；同時由於傳力機制複雜，空間結構在試行階段遭遇不穩定問題時也比較難以解決。學生一開始製造構件以及將構件組織成結構時，通常不會馬上找到最適化以及清楚有秩序的組成；協助他們辨識試行階段結構的類型，並且對應到已知的基本結構系統，例如：懸臂、拱、圓頂、抗彎矩構架等，有助於對整體結構行為建立較為具體的認知，減少盲目試誤。

進入設計發展階段時，作品的核心概念通常已經確立，包括材料特性、單元形式，以及組合法則，但是對於最終構築的整體造型可能只有大略想像，而且可能不太寫實。雖然 SSS 的主題是「結構藝術」，並未要求所構築的結構必須達到特定尺度或具備空間機能，但我仍會要求學生儘量將最終構築成品放大到人體尺度，最好能夠圍塑出形似遮蔽物，有水平跨距和垂直邊界的基本建築形態，讓他／她們在過程中所面臨的課題和訓練能儘量接近實際建築結構的操作邏輯。

有些作品在初選工作營階段就已經發展出整體構成形態明確的縮尺或小尺寸模型，設計發展階段的主要課題便是如何放大尺度：不改變組成方式而直接將單元放大，則材料與接合細部必須改變，單元尺寸增加通常也伴隨著應力負擔的增加；或者不改變材料、單元尺寸與接合細部，而將單元數量增加，則幾何組成必須變動，接點數量增加也會直接導致施工時間與難度之倍增。像這樣必須在幾何條

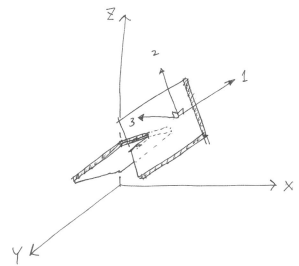

SSS 2013 作品「Triangular」的初期發想模型：紙板切槽互嵌的接合方式算是固接還是鉸接呢？首先要弄清楚現在說的是哪個方向。相對於代表全域座標（Global coordinates）的 X、Y、Z 軸，一般以 1、2、3 軸來代表構件本身之局部座標（Local coordinates），這裡的互卡接合能夠束制環繞 2 軸或 3 軸的相對轉動，但是對於環繞 1 軸的轉動束制狀況則與紙板厚度有關。此外，1 軸方向的平移束制也因為構法本身特性而只具備單向效果，亦即只能承壓而無法承拉，除非精準控制切槽寬度，使接合面產生摩擦抵抗。

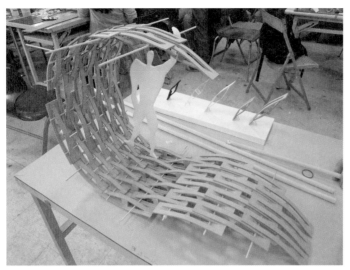

SSS 2014 作品「Extendable T&C Structure」的縮尺模型

構件單元由於本身形狀特性，只能往前後方向接合，屬於典型的平面結構，
但透過將構件交錯排列的組合方式，得以發展出有橫向深度的空間。

SSS 2017 作品「75 to 1500」的小尺寸試構築模型

圓形單元不具特定方向性，面狀組織似乎是很自然的發展方向，又由於塑膠
杯單元上寬下窄的形狀，將單元密接時會自動收束成固定曲率的球面，也就
是圓頂。

件、結構需求與施工考量之間取得平衡的問題，在實際結構設計中也經常會遇到，例如：如何決定格子梁的間距或桁架的節點密度。

而在初選階段還未能發展到成熟結構形態的提案，則需要回頭思考造型與結構系統的關係，一邊嘗試各種幾何組成可能性，一邊觀察並理解幾何形態變化所對應的結構行為差異；因此最終作品的造型並非任意決定，而是透過幾何與結構之互動過程來演化生成。

選擇材料、構件的加工及接合方式是設計發展階段的主要工作，透過試誤、理解與分析進行各種細節的定性與定量化調整至為重要，是影響最終構築作品是否成功的關鍵。引述 2018 年初選工作營外評專家白千勺建築師的說法：初期發想階段的重點是「Intuition」，先基於直覺、發散性地隨意嘗試，再逐漸收斂聚焦；而設計發展階段則屬於「Optimization」，為了將設計落實並建造出來，針對過程中遭遇的各種問題，透過理性控制的程序探索最佳化的解答。這樣的「直覺→最佳化」流程常見於實作導向的設計研究，也是成大 SSS 工作營與一般短期設計工作營的最大不同之處。

試論結構藝術

在介紹歷年 SSS 工作營所提出的作品之前，我想先試著討論一下這個不斷出現的關鍵字「結構藝術」。

到底什麼是結構藝術（Structural Art）？似乎並沒有普遍共通的認知。維基百科定義它是能夠兼具效率、經濟與美感，將工程提升到藝術層次的結構設計，換言之，它是以結構合理性為核心價值的一種優雅工藝。我覺得這樣的定義雖非不適切，卻有點過於被動，就像大部分的優秀結構工程師，他們通常默默隱身在建築師的背後，以解決問題而非表現自我為信條，是低調、可靠的支援者，而非追逐聚光燈的明星。

在我的想像中，結構藝術應該是一種藝術，而不是一種結構；是透過結構來表現的藝術形式，而不只是整合工程巧思和造型美感的結構。相較於背負著實用機能的結構設計，結構藝術應該展現更加外顯的態度和動機，更積極地激發觀者的感受。

藝術家 Kenneth Snelson 的創作被他的老師 Buckminster Fuller 搶先命名為完全張力體（Tensegrity）之後，仍持續專注於發展這套巧妙結構系統的藝術形式，打造了眾多令人驚嘆的巨型雕塑，看似漂浮停

Kenneth Snelson 的作品「T-Zone Flight」，1995, JT Building, Toranomon, Tokyo。

駐在空中的巨大金屬桿與牽引其中的纖細鋼索，並不具備空間機能，也不是用來模擬某個具象物件或表達某種抽象意涵，它所要表現的就是它本身：顯現在構件組織和平衡關係中的「力」。Snelson 認為表現物理力在三度空間中的平衡形式就是在表現「自然」[1]，包括人體在內，屬於內骨骼系統（Endoskeleton）的動物都仰賴由外覆拉力構件（肌肉）牽動壓力構件（骨骼）的平衡系統來支撐，也就是廣義的完全張力體，我們太習慣它的複雜形式，當它被純化、放大時卻反而感到神秘難解。

知名結構工程師 Cecil Balmond 的裝置藝術 H-edge[2] 也是完全張力體的另一種藝術形態，乍看像是垂掛著 X 形金屬片的鐵鍊頂端卻空無一物，實際上是交錯撐入的 X 形單元使鐵鍊受到預拉而繃緊，竟彷彿能違抗重力，像印度弄繩一般自地面往上直直竄升而起，形成一種超現實的風景。

向來以能夠完美地整合結構與美學而聞名的建築師 Santiago Calatrava，也創作過一系列藝術作品，在這些作品中，沉重的方塊量體看似不可能但卻平穩地棲息在兩頭削尖的歪斜金屬桿頂端[3]，或者一連串多邊形塊體在空間中斜行而上，每一塊僅以單點接觸站在下一塊的肩頭[4]，讓它們得以成立的，是幾道巧妙配置的細線，而它們展現的是極度精準的平衡，以及拉力與壓力之間純粹而不容干涉的互制。

墨西哥藝術家 Jose Dávila 的作品運用各種現實中的建材，包括鋼骨、石塊、玻璃和磚，組構成同時達到幾何和諧與力學平衡的形態。2017 年 Dávila 在漢堡的展覽名稱「The Feather and the Elephant」描述了其藝術創作的本質，羽毛和大象通常被用來代表兩種極端的特性：輕與重，但只有

Jose Dávila 2017 年在德國漢堡的展覽「Die Feder und der Elefant（The Feather and the Elephant）」。

在某種情況下，兩者會等值，也就是無重力環境；這些作品乃是成立於重力作用的前提下，重力即是它們所傳達的意義。

我從這些以結構形式呈現的藝術作品歸結出三項共通特性：一、將「力」（Force）的運用作為表現主體；二、力的表現方式不必然要滿足實用、效率、經濟等工程設計準則，但一定要具備美感（Aesthetics）；三、自非常規（Informal）生成的藝術性。分別說明如下。

Force

不同於象徵性的表現手法，例如藝術家 Lorenzo Quinn 描述萬有引力的著名雕塑「The Force of Nature」[5]，結構藝術作品中的「力」是真實地作用著的，並且透過自然的材料行為來傳達。因此作為表現主體的與其說是力，不如說是力的物理法則，包括牛頓三大運動定律、虎克定律、波松比（Poisson's ratio）等等；而為了強化力的表現，不具備結構作用的裝飾或皮層，在作品中就不應該存在。

Aesthetics

在排除裝飾性物件的前提下，結構藝術的美感主要來自其幾何形態與材料之運用，除了秩序、色彩、質感、比例這些美感基本要素[6]之外，更重要的是由力學作用及構件組合方法所衍生的結構與構造美感。

同樣都是用來解決問題，結構美感與數學之美（Mathematical beauty）非常相似，一般認為優美的數學解法具備下列特性：最少的假設條件、極度簡潔、意外的推理邏輯、獨創的見解，及廣泛的通用性；對結構而言，則是使用最少種類及最小用量的材料、簡潔的傳力系統、單純且容易施作的接合部等，符合自然界最小作用量原理（The principle of least action）的特質。

Informal

我借用了 Cecil Balmond 的概念，在他的作品集 Informal[7] 裡將這個字定義為一種非線性的設計手法，一種催生多重解和驚奇感的驅動力，我認為這正是將結構美感提升至藝術的關鍵。「非線性」的概念與結構邏輯中所重視的秩序與規則看似相違，但實際上並不然；當試圖運用非典型的材料或非常規的構成來組織合理的結構，意外的結果與嶄新的秩序便應運而生。

根據上述特性，可以指認出更多樣態多元的結構藝術，例如藝術家團體 Numen/For Use 的知名裝置藝術，以層層交疊的膠帶編織出有如自然生物組織般的張力結構；建築師石上純也 2005 年的作品「TABLE」，在結構工程師小西泰孝的協助下，實現了以極薄的 6mm 厚度支撐長達 9.5m 完全水平的桌面，不可思議

的跨距與厚度比，使得擺滿桌上的日常物品彷彿不受重力作用似的漂浮著；而藝術家 Tomás Saraceno 的巨型裝置「In Orbit」、「Cloud Cities」及「Aerocene」等系列作品，不只應用結構，也結合包括生物、材料及航太工程等其他科技領域，塑造獨特的空間體驗。這些以藝術為名的創作，除了美感的作用之外，也在刺激並挑戰建築與結構工程的思考疆界；在 20 世紀之前，驅動結構技術演進的是人類文明本位的線性欲望：想要蓋得更高、更寬、更深，但 21 世紀之後，在氣候與環境開始劇變而天災逐漸成為日常的年代，我們應該反省如何與萬物共存，以大自然建造的方式建造，以宇宙運行的視角運行，學習變化，以迎接不可知的變化，以藝術的態度來重新定義工程與技術。

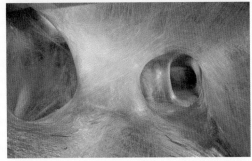

Numen/ For Use 2017 年在東京 21_21 Design Sight 的裝置藝術。

1. Ayers, R. (2009, March 11th). "My intention is to create mystery." – Robert Ayers in conversation with Kenneth Snelson. A Sky Filled with Shooting Stars. Retrieved May 15th, 2018, from http://www.askyfilledwithshootingstars.com/wordpress/?p=527

2. Balmond, C. (2016). H-Edge. Balmond Studio. Retrieved May 15th, 2018, from http://www.balmondstudio.com/work/h_edge.php

3. Calatrava, S. (1994). Head, No._037, Series B. Santiago Calatrava – Architects & Engineers. Retrieved May 15th, 2018, from https://calatrava.com/art/head-037-b.html

4. Calatrava, S. (1999). Musical Star 1, No._078, Series A. Santiago Calatrava – Architects & Engineers. Retrieved May 15th, 2018, from https://calatrava.com/art/musical-star-078-a.html

5. Quinn, L. (2011). The Force of Nature II. Lorenzo Quinn. Retrieved May 19th, 2018, from https://www.lorenzoquinn.com/portfolio-items/installations-the-force-of-nature-2/

6. 吳光庭等 (2016)，《美感入門》，台北：中華民國教育部。

7. Balmond, C. (2002). Informal. Munich: Prestel.

聚積與變化的六種可能性 ——
SSS 2013 至 2018 獲獎作品介紹

從 2013 年到 2018 年間在成大舉行的初選工作營，每年提出約 6 件作品，再由齋藤教授從中選出 2 至 3 件參加 7 月的 SSS 工作營，初選通過率約為三分之一，與日本國內徵件的通過率相當。每年來自台日各大學參加 7 月 SSS 的作品加總起來約為 15 至 20 件，目前因應參與隊伍的國際化，有逐漸增加之趨勢。

SSS 的評分方式為投票制，審查員、參加學生及現場報名的社會人士皆可投票給自己喜歡的作品，但審查員可投票數較多且權數較高。以齋藤公男教授為首的二十幾位審查員中，集結了來自實務界與學術界的專家，設計專長及結構專長者約各占一半，我自 2014 年起也獲邀擔任審查員。

得分最高的前五名作品，會獲頒最優秀賞（第一名）及優秀賞（第二至五名）的獎狀，但不在前五名以內者，也會由現場的審查員「認領」個人所肯定的作品並頒給審查員獎，以表示對每件通過初選作品的鼓勵，有時也會頒給未通過初選而僅以 A2 版面形式展示在現場的報名提案。每年的 SSS 實施過程，會以專題報導的形式刊載在「鉄構技術」雜誌上，內容除了當天活動紀錄，也包括活動結束後每位審查員為各自給獎作品撰寫的評語。

評分的標準除了結構藝術的基本條件：結構性和藝術性之外，是否充分表現出工作營的主題「聚積或變化」也是一大重點。關鍵字「聚積」來自均質、小型組件的重複組合，有別於一般採用整體澆灌或不定型的複雜構件，聚積的結構代表單元的極簡化，而單元間的接合，以及如何以均一

單元對應不均勻分布的應力是最大的挑戰;「變化」則有多元的詮釋角度,可動結構、建造過程中的型態變化、構件本身的型態變化,都是可能的發展方向。不管聚積或變化,共通點都是要跳脫傳統的結構思維,若能夠運用一般結構不使用的材料,提出嶄新的結構系統,以意想不到的方式成功站立的作品,常常比較容易獲得審查員的青睞。

下頁表格整理了成大建築系歷年來在 SSS 的獲獎情況,在赴日參賽的總共 14 件作品中,每年都至少有一件作品進入前五名,其中四件榮獲當年度的最優秀賞。同場競技的其他隊伍,來自包括東京大學、早稻田大學、日本大學、首都大學東京、千葉工業大學、芝浦工業大學等傳統理工路線的關東地區建築名校,也有東京藝術大學及武藏野美術大學這類藝術色彩較為濃厚的建築科系,因此每年都能見到多樣化的作品和各種截然不同的創意思考,光是參與其中,就是一場充滿刺激的學習經驗。

以下以各年度成績最佳的六件作品為例,説明它們如何從半熟的設計提案發展、成長、落實為一件完整的結構藝術。

2013 至 2018 成大建築系於 SSS 獲獎情況

年度	作品名稱	獲獎	名次 / 作品總數	參與學生
2013	Triangular	最優秀賞	1/15	許元馨、李雅琪、簡芝芳、張琇茹、黃韋智、虞恆、吳姿瑤、呂宗翰
	Roto-rec	木下庸子 大西麻貴賞	7/15	楊明皓、趙彥棻、林承佑、吳蓓倫、李柏毅、巫佳樺
2014	Extendable T&C Structure	優秀賞	3/17	陳岱琪、羅恩淳、劉祖愷、黃誠中、薛克民
	Invisible Strength	山田憲明 多田脩二賞	9/17	鄧詩慧、盧美辰、郭禎涵、陳韻愉、陳正榮、謝昌佑
2015	M, Compound	最優秀賞	1/15	蔡旻欣、鄭皓元、蔣思敏、柯明恩、孫宛伶、莊智珩
	Self-Supporting by Shrinking	優秀賞	5/15	李奇臻、林雨嬌、王淳宜、蔡名皓、鄭惟仁、陳昀
	Immigration	齋藤公男賞	-	郭亭勻、陳潔、陳靖涵、吳依陵、楊宗諭、陳正維
	Snow Flaking	佐藤淳賞	-	劉釋亞、李佳樺、張非民、江詩琪、張育銘、黃一修
2016	1 * 3	優秀賞	2/18	蕭凱壬、陳玥溱、黃燕怡、林修民、葉俊成、朱弘煜
	Shelting Air	金田充弘 隈太一賞	7/18	黃秉毅、劉禹彤、陳立賢、李旻宸、林恩生、林琮楠
2017	75 to 1500	最優秀賞	1/23	陳詠載、陳怡如、鍾昀佐、鄧基辰、陳凱琪
	K-Force	小澤雄樹賞	9/23	簡正、張卜元、曾致允、呂品君、李育慈、呂秉翰
	接頭藝人 Joint us	山田憲明賞	11/23	林穎秀、徐銘澤、黃柏崴、葉欣雅、施翔發
2018	RECIPLATE	最優秀賞	1/23	王于愷、楊詠翔、鄭少耘、胡顥蓁、劉得崙、洪御哲、李東旻、陳妤華
	ぷるんぷるん	郭屹民賞	*/23	廖宗勳、葉秋瑜、蘇子晴、林鼎益、黃信智、劉哲成、陳佳宏、彭馳
	All About STRUCTUBE	李珠娜 早部安弘賞	*/23	葉桐、林琬晴、張譽騰、徐李安、黃群哲、羅傑夫、袁笙鈞

齋藤公男賞、佐藤淳賞 為未通過初選之提案

▨▨▨▨ 台灣大學土木系學生

*：詳細名次尚未公布

2013 年－ Triangular ／折疊薄版互鎖結構

「Triangular」以「聚積」為基本概念，將形狀尺寸相同的等腰三角形版狀單元重複連接，成為鱗片般的組成。一般生物的鱗片只是表皮，需要附著在本體上，但在這裡，表皮即是結構，而單元的連接方式決定它的生長方向與整體形態。

版狀單元的兩兩連接不依靠第三個中介構件，而是在版邊緣切開與厚度等寬的細槽，兩片單元之版緣切槽互相對準嵌入時，便可構成近乎固接的連結，這樣的結構方式稱為互鎖結構（Interlocking structure）。由於版與版互鎖時呈現彼此正交的狀態，在初期發想的階段，學生們發現可以將並置的兩片版合成為折版單元，相較單純的平版單元更適於發展立體組構，使用紙板製作也相對容易，且組裝前每一單元可折合成便於疊放收納的平整形態，組裝時將單元如飛鳥展翼般打開，又具備「變化」的意涵。

然而開始嘗試製作足尺模型時，由於材料變更為木薄板，折線處的接合方式便成了問題，其他的問題包括木薄板的厚度太薄，手工切槽寬度不容易抓得精準，影響單元間接合的束制狀況，以及切槽的位置或角度誤差，導致組裝時單元拉扯扭曲而造成局部破壞。

前述問題的關鍵在於切槽，在使用縮尺模型操作時，由於紙板可局部壓潰以因應變形的材料特性，學生們並未意識到切槽角度及位置會影響組裝單元時的施工難度及組裝後的整體形態。因此設計發展的首要工作是針對切槽的最佳化，先暫且回到縮尺模型的階段，嘗試變化切槽角度、位置、深度、寬度，確認切槽之幾何特性如何對組裝方式及

單元鏈結形態產生影響，最後決定採用容易組裝，又能將
單元沿固定轉角連接的平行切槽。

能夠控制單元鏈結形態之後，接下來是重新思考如何將其
發展成能夠圍塑空間的造型，同樣先利用縮尺模型探討各

1-2.「Triangular」的初選階段縮尺模型。
3-4.「Triangular」的初選階段足尺模型：單元折線處以小型鉸鏈接合，由於
　　切槽位置誤差，組裝後單元拉扯變形而造成局部破壞。

1	2
3	4

種造型方案的結構穩定性，並針對細部進行微調。三角形單元縱向連接時有頭尾方向性的問題，因此最終定案的整體造型雖然呈現圓拱形，但並非將單元鏈結直接延展 180度成二分之一圓，而是以左二右一的三組四分之一圓，像手指互相嵌合般在頂端彼此倚靠而成立。嵌合處以兩片於折線處反對稱而非對稱拼合的特殊單元扮演拱心石的角色，但若不仔細看，並不會發現它們的存在。

新的足尺模型改以雷射切割來製作，大幅減少了手工製作可能衍生的誤差問題。足尺單元的尺寸除了考慮人體空間尺度之外，也因應長途運送的需求，調整為可折合後平整收納於附輪行李箱內的尺寸。整組結構事先在台灣進行試組裝，在每一片單元上張貼不顯眼的位置標示，再行拆解，並準備額外數量的零件以防部分單元於運送過程中損壞。

最終構築的疊砌式組構因為薄版的輕盈感與三角的方向性而產生了動態，當天站立在會場正中央的「Triangular」是全場最吸睛的作品。

「Triangular」的組裝過程：
1. 單元折合後可平整收納於旅行箱中，攜帶至 SSS 會場。
2. 尚未完成之結構並不穩定，需要以人力充當臨時支撐。

1　　2

1. 構築完成的「Triangular」。
2. 「Triangular」局部特寫。
3. 「Triangular」的內部視角，在聚積的單元中隱藏著變化

2014 年－ Extendable T&C Structure ／交錯組合式開槽曲面薄版系統

在長條形薄版單元中間切割兩道平行槽縫，藉由置入支撐材將開槽撐開，薄版單元會自然彎曲成弓形，撐開狀態的弓形單元受力機制與張弦梁類似，能透過上弦和下弦一拉（T）一壓（C）的力偶來抵抗撓曲。此設計的原始概念其實來自於我所指導的研究生李嘉嘉當時正在發展中的「開槽薄版曲面系統」（詳見第 134 頁），從平版能簡單轉化為曲面的動作是基本的「變化」，將單元交錯疊合，可往縱橫方向續接延伸，則展現了「聚積」的精神；單元續接時若由同面疊合轉為反面疊合，可令整體曲率轉向，視需要發展出平緩蜿蜒或蜷曲收束的形態，成了第二階段的「變化」。這組系統的結構強度仰賴開槽撐開之深度提高斷面慣性矩，相鄰單元的開槽區域需重疊交會以確保應力有效傳遞，因此雖然單元本身厚度極薄，卻能構成穩定出挑的懸臂。

整體結構的穩定度和形態在縮尺模型階段已大致確定，因此設計發展階段的重點在找出適用於足尺單元的材料、尺寸及接合方式。最後決定開槽單元和支撐材同樣採用能容許大量彎曲變形，又能以雷射切割加工的木薄板。善用數位製造的便利性和精準度，除了縮短單元製作的時間，也能留設續接用的螺栓孔位、協助撐板定位的嵌口、防止槽線邊緣劈裂的圓角處理等細部，並一次加工完成。最終構築所使用的材料量減省到最少，並且如某知名家具品牌的特色，採用體積最小化的平整包裝。從少量材料能夠快速組立，開展成姿態婀娜的優美曲面，是它的最大魅力所在。

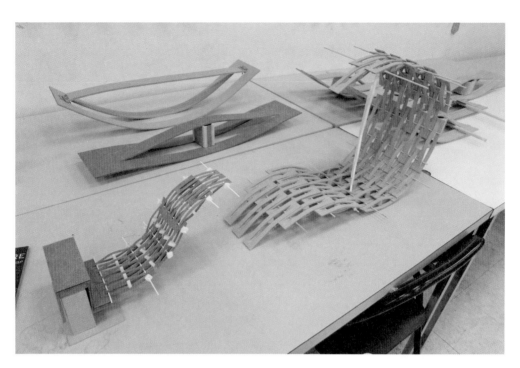

1. 「Extendable T&C Structure」的初選階段縮尺模型與足尺單元試作品。
2. 「Extendable T&C Structure」的作者們，擺在他們面前地上的就已經是全部的材料。

1	2
3	

1. 「Extendable T&C Structure」的單元細部。
2-3. 構築完成的「Extendable T&C Structure」。

2015 年 - M, Compound ／切槽薄版主動撓曲結構

M，是被切割了三道參差槽縫的矩形薄片，提住 M 的兩端往相反的面外方向拉伸時，被切槽分割為細長條狀的 M 會像彈簧一樣展開來，但只要一放手，便會因為材料抗拒彎曲的剛度而回復原本的形態。展開的 M 雖然不穩定，但只要將六個 M 展開後連接在一起，其回復力會互相抑制，達成平衡，構成一組圓形的安定分子。像這樣將柔軟構件穩定在受彎變形狀態下的結構稱為撓曲主動結構（Bending-active structure）。

由於 M 本身的對稱性，分子的每一單元能往外續接相鄰的分子。混合了不同尺寸分子的 M 合成體在初選工作營階段展現出絕佳的藝術性，但其結構性卻不甚理想，此階段的 M 分子只能在平面內發展，合成體的組織欠缺規律，基本上只是疊起來而已。然而齋藤教授卻選了這樣的「M, Compound」。

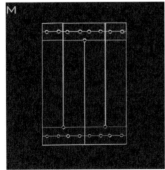 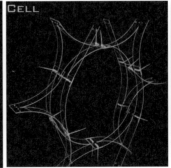 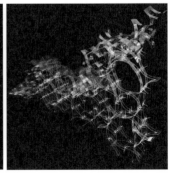

初選階段的「M, Compound」：
1. 基本單元。
2. 六個 M 組成的基本分子。
3. 不同尺寸 M 分子的合成體。

1 | 2 | 3

為了將 M 合成體精鍊為成熟的結構，設計發展階段的首要任務是先想辦法將 M 分子給立體化。將圓弧繞著對稱軸旋轉可得到球面，這是最基本的一種幾何操作，學生們經過一番努力，將 M 分子由兩股接合轉為三股接合，成功地合成出球形的立體 M 分子，接著一方面回到縮尺模型的尺度重新探討整體結構的幾何組成與穩定性，一方面以局部的足尺模型測試適宜的材料、構件尺寸與接合細部。

最後完成的作品以束線帶接合壓克力單元，是一座透明到幾乎隱沒在空氣中的六角形結構，四層球形分子垂直疊砌出六個角的柱子，平面分子界定出側牆，頂端中央的最後一顆球形分子則填補了屋頂，它不但能夠穩定自立，也具備建築空間的基本要素，不管從哪個角度而言都是一件令人驚嘆的作品。

「M. Compound」的設計發展過程：左圖顯示以縮尺模型重新探討 M 分子的組構方式，右圖則是關於整體結構幾何關係的討論。

1. 構築完成的「M. Compound」一面側牆留有進出口,內部空間能容納六名成人。

2. 「M. Compound」的屋頂單元:如果直接在六顆球上面再疊一顆球,其實是不容易穩定的,底部的球會因為拱機制而被往外推開,這裡使用一道透明的拉力構件解決了這個問題,但是你找得到它在哪裡嗎?

1

___

2

2016 年－ 1＊3／細長桿之預壓結構

「1＊3」以簡單的接合方式，將直線構材組合成獨特造型的立體結構。初選階段的縮尺模型由隨手可取得的材料組成，將三支細竹籤穿過重疊幾層金屬墊片中間的圓洞，當竹籤因為自重受壓攤開時，會自然形成「＊」字形的三叉基本單元，依靠竹籤與圓洞的互制保持穩定，竹籤叉開的角度則與圓洞的深淺有關。疊合兩組基本單元，將上下單元的三叉末端兩兩套入同一組墊片時，可在束緊上下單元的同時提供單元穩定所需的預壓力。這套接合方法不但乾淨俐落且完全可逆，也不需要對構材進行任何加工，僅是充分善用了構材本身的幾何特性。

「1＊3」的初選階段縮尺模型。

然而到了足尺模型，使用現成構材的作法便成了挑戰，金屬材料的比重大，如果直接使用等比例放大的金屬墊片，自重的影響會變得格外嚴重。學生們很快找到了替代的輕量構件，卻仍然面臨尺度放大後的結構問題。原設計以相同單元組合成拱形結構，單元的重複性使得拱呈現曲率固

定的半圓形，而圓拱的跨深比過大，構件接地的面積又太小，光靠摩擦力無法抵抗拱結構在支承處必然發生的外推力。為了維持作品的純粹性，在這裡不採用添加錨定重物或在支承之間加入拉桿的常見作法，而是透過調整結構形態與跨深比來解決。

為了能夠隨心所欲控制結構形態，在設計發展過程花了一些時間探討「*」字形單元的幾何特性，再透過電腦3D 模型的輔助，調整單元尺寸與接合部位置，作出較為接近拋物線的不等曲率拱形，解決外推力的問題，底部單元也因應受力大小選用較粗的構材。最終構築作品組立時，透過預先標記與少量的假設支撐即可定位每支構件。在它乍看複雜的外表背後，「1 * 3」展現了精確控制與最小化哲學所成就的極簡美感。

1. 「1 * 3」的足尺單元接合部改為固定水管用的金屬環，仍然維持使用現成構材，不施予額外加工的原則。
2. 「1 * 3」設計發展過程中針對幾何形態的討論。
3. 「1 * 3」最終構築在組立時，利用假設支撐精準定位。

1. 「1*3」最終構築的局部：
   直線構材的立體交錯看
   似複雜，接合方式卻極為
   簡潔。
2. 構築完成的「1*3」。

1

2

2017 年－ 75 to 1500 ／杯與薄膜的富勒圓頂

75mm 是杯狀單元的直徑，1500mm 則是單元組合成為圓頂的直徑。利用杯子上寬下窄的幾何特徵，將杯子排列成平面，杯緣互相連接，然後將平面拱起的話，杯底與杯底會緊靠住而形成穩定的曲面結構，這是一開始的想法。從「75 to 1500」的初期發想模型，能清楚窺見在探討結構機制的同時，逐漸演化出的構法改良過程：從因應受力需求置入拉力構件（薄膜），想到能活用杯子可套疊的特性接合薄膜與杯子，再利用同樣特性將兩片打孔的薄膜套疊在同一組杯子來續接小片薄膜。在初選工作營的短短數天內，這組系統就發展到相當成熟的階段，能夠構築出直徑將近 1500mm 的閉合半圓頂，方法是先組成六邊形單元，再套用短程線圓頂（Geodesic Dome，又名富勒圓頂）的分割模式。圓頂的幾何組成乍看簡單，但真正的關鍵在於它是非展開曲面，若使用一大片完整的薄膜來包覆，必須剪裁成特殊形狀再黏接起來，但使用分割薄膜的套疊續接構法則能輕易以小單元組合構成，並且完全可逆；另一個關鍵是，薄膜上的開孔大小與距離必須經過精心調整，與杯子套疊後能產生足夠預拉力以束緊杯子與相鄰單元，成

初期發想階段的「75 to 1500」：一開始採用的紙杯（左圖）雖然能用釘書機簡單釘合，但強度不足，受壓容易變形，發展出用雙層杯子套疊薄膜的接合方式之後，便可改用強度和剛度都較高的塑膠杯（右圖）。

為一體化的結構。

在設計發展階段，「75 to 1500」同樣由於使用現成構材而面臨問題，如果想將規模放大，該增加構件數量，還是該使用放大尺寸的構件？學生們選擇不改變構件尺寸，只增加數量，並使用邊角數較多的短程線圓頂分割模式來構成較大的圓頂，然而分割短程線圓頂的三角形其實並非各邊等長，使用尺寸均一的正圓形杯來拼合時，幾何條件無法完全符合。其他的問題還包括：單元數量增加導致工時加長、為了能夠進入內部而留設的開口造成結構完整性降低等等。

上述問題最終透過使用半預組單元來減少工時，以及安裝內層薄膜來加強開口邊界處等方法解決。儘管最終構築的規模仍然稍嫌迷你，「75 to 1500」乍看神秘的外觀、獨創性的構法、與不可思議的內部空間感所帶來的驚奇性，還是獲得了評審的一致肯定。

「**75 to 1500**」初選階段的構築模型：幾乎已經接近人體尺度的半圓頂能夠穩定地被搬移到桌上。

1. 「**75 to 1500**」最終構築
   作品。
2. 「**75 to 1500**」的內部：
   由於薄膜是透明的，支
   撐空間的結構像是被隱
   形了一樣，杯子的光線
   折射效果則製造出一種
   特異而非現實的空間
   感。

1 | 2

第四章

2018 年－ RECIPLATE ／盤與竹籤的富勒圓頂

免洗紙盤和長竹籤的搭配，可說是台灣人最熟悉的夜市風
景之一。「RECIPLATE」初期發想模型中，紙盤和竹籤的
組合方式並無規則，學生們直覺性地將竹籤對準紙盤的圓
心，以共點的形式嵌插在紙盤上；然而構件共點時其實等
同於鉸接（共點即是桁架結構的基本條件），構件過多時
也容易在共點處產生衝突。將竹籤的嵌插位置錯開後，則
可構成兩兩互制（Reciprocal）的形式，避免了共點接合
的構造複雜性，結構上也從鉸接變為剛接，有助於提升整
體結構的靜不定度。

1 | 2

1. 「RECIPLATE」的初期發
   想階段。
2. 「RECIPLATE」的基本單
   元演化：右邊是一開始採
   用的竹籤共點單元，左邊
   則是改良後的竹籤錯開
   單元。

在初選階段，學生們仿照往年作品，嘗試以富勒圓頂之分
割模式將紙盤單元組合成足尺結構，然而構築出來的圓頂
卻沒有想像中那麼圓。主要問題在於竹籤在紙盤上的嵌插
位置並未精準放樣，嵌插接合在受拉時也會滑脫位移，因
此設計發展階段的重點便在於構法細部的改良。學生們建
製了電腦 3D 模型，以確認每根竹籤之正確長度與接合角
度，並且為了精準放樣嵌插孔位，以 3D 列印製作開孔用
的模具。因應單元受力之變化，部分紙盤疊合了兩層或三

層，以加強紙盤單元的撓曲剛性，並提升與竹籤之間的摩擦力；同時竹籤在紙盤之間的部分套上了透明吸管，末端則套入透明膠管作為前後固定套件，確保它不管受拉或受壓都不會滑脫。模型的接地部分，則另以木薄版製作組合式的基礎，使得整體結構更加穩固。

1. 「RECIPLATE」初選階段的構築模型。
2. 「RECIPLATE」最終構築的構法設計：左邊電腦螢幕顯示 3D 模型，右邊則為放樣開孔位置用的 3D 列印模具。
3. 「RECIPLATE」最終構築的單元細部：如果不細看，完全不會發現竹籤上的透明固定套件以及紙盤有不同層數之分別。

「RECIPLATE」的最終構築在小尺寸和短時間的操作中，涵蓋了從設計發展、構法計畫至施工管理的完整過程，展現了造型、結構與構造的統合。它巧妙地運用了至為簡單的材料，構築出輕量又堅固的結構，齋藤教授也讚許這是一座「連富勒本人都會感到驚訝」的作品。

1. 「RECIPLATE」最終構築作品。
2. 「RECIPLATE」最終構築作品之內部空間。

對我來說，SSS 並不只是一個工作營或普通的翻轉教學，而像是一趟刺激的冒險。每年我第一次走進學生們的工作空間時，總是充滿期待又帶著一點不安，因為我不知道會看到什麼東西，而每年的學生也非常神奇地從來不曾提出重複的想法。因此每年我都會面對大約六個來自未知的嶄新考驗，和學生一起，探索新材料、解讀非典型的結構行為、發掘跳脫傳統的結構方式。在這裡超脫了鋼骨、混凝土、木材或磚的限制，眼中所見亦不只是桁架、構架、斜撐或剪力牆；SSS 所訓練的不是過去或現在，而是未來的結構思維：從隨手取得的任何東西裡都能看見結構，都能建造出結構的能力。

形成結構研究室

Shaping Structure Studio

很多人會問，建築系研究所的結構組和土木系的結構組有什麼不一樣？剛進入碩士班時，我也這樣問過我的指導教授，答案是：沒有什麼不一樣。結構本來就是建築和土木的交集領域，成大建築系結構組的課程和土木系能夠互通，指導老師群大多是土木系出身，所從事的研究，也和土木系結構組沒有太大差別。無法否認，當年夢想著成為 Calatrava 第二的我對這個答案有一點失望，然而不久我便理解到腳踏實地的傳統結構研究始終有著不可被取代的必要性，也有其獨特的吸引力。

在我初任教職的數年間，一直跟隨著老師的步伐，專心致力於鋼筋混凝土、加強磚造、耐震補強等等貼近民生又務實的研究課題，但 2011 年我越過升等門檻之後，覺得應當能夠容許自己一心二用，一面持續傳統結構研究，一面跨出既有路線，嘗試一些興趣本位的自由研究。

這一系列研究以輕量結構及特殊結構為研究主題，利用非典型結構材料，如竹、木薄板、紙箱、薄膜，發展創新結構系統並實際構築。由於結構行為及材料之特殊性，一般結構分析模式不見得適用，必須搭配實作來驗證系統的可行性；因此「構築」在這些研究中的角色，並非作為最終成果的展示，而是用來探討構件行為、檢核分析假設、確認接合細部的適切性、證明結構機制能否成立的實體試驗。

挑戰陌生的研究主題需要勇氣，實際執行本章這些研究的，是五位吃苦耐勞的碩士生：簡子婕、李嘉嘉、林家荷、張雅智和郭亭勻。值得一提的是，雖然沒有經過特別挑選，但她們五位恰巧都是女性。在我代表台灣女建築家學會為 2018 年 4 月發行之第 124 期女科技人電子報撰寫專文〈建

築專業中的性別區劃〉時，曾經提到在我所指導的歷屆結構組碩士生裡，男女比例各半，且她／他們的表現優劣並不因性別而有所差異。跳脫對結構的傳統既定印象，透過客觀思考來理解事物的本質，是這個研究室的基本態度。同樣的道理，雖然本章所介紹的研究主題表面上看似和台灣典型建築結構研究相當不同，但就支撐空間的力學機制而言，其本質並無任何差異。結構存在於所有成形的事物當中，對我而言，如何成形（Shape）出新的結構，是至為有趣，值得不斷探究的事情。

無痕結構 │ 既有木構材再利用於自立式二次結構之研究
簡子婕

一般建造物凡拆除必留下痕跡，於建物上新增結構，通常也要在既有構造上穿鑿孔洞以錨定固著。在這個研究中，我們嘗試回應兩個問題：一、能否將建物拆除後的構件直接回收再利用於新結構，將廢棄物減到最少？二、能否在不破壞既有結構體之前提下搭設新增結構，以達到來去無痕的目標？

適逢校園中有一座未達使用年限卻因新建校舍工程需拆除既有之木結構，此研究從一開始就得以採用實物操作。我們以人力小心拆解既有木結構，汰除明顯損傷或變形構件，將餘下狀態完好者再行利用於增設附掛在既存建物之二次結構。

針對回收之舊構件，先切除因前次接合開孔折損斷面之區段，根據可用長度、形狀分類，並統計數量，再取樣量測密度、含水率，進行抗壓及抗剪等材料試驗，以確認其材料強度仍滿足現行規範要求，可繼續作為結構材使用。

既有木結構之拆除與構件回收過程

1. 以人力小心拆解構架，避免拆除過程造成構件損傷。
2. 移除連結構件之鐵件、螺絲及釘子。
3. 拆解後構件分類、記錄可用長度與數量。

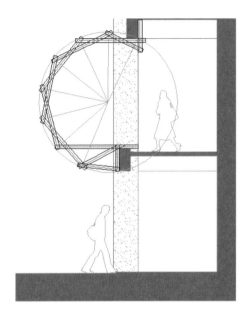

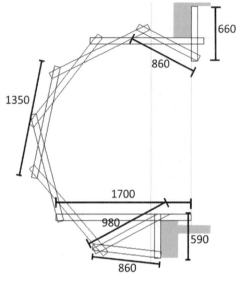

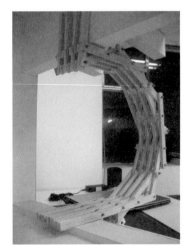

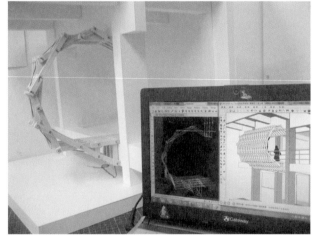

1. 附掛式走廊擴增空間結構設計。
2. 十分之一縮尺模型實體。
2. 模型、電腦 3D 模型與電腦結構分析模型之對照。

再利用之基地原訂於系館二樓走廊，設計一處位於走廊外側之小型擴增空間，為滿足不破壞原結構體之前提，增設的二次結構設計成能夠簡單地攀附在上下樓層梁側，並藉由重心之位置調整，使所有支承處皆為承壓接合，因而不需要打設承拉的錨栓。設計發展過程以十分之一縮尺的模型進行操作，並寫實模擬所有構件之接合條件，例如不使用任何膠類，僅以細圓桿模擬木構件之栓接，因此可透過操作模型實際感受結構之行為及檢討組裝工序。

使用回收舊構件之結構設計邏輯與新建結構設計相反，新建結構通常先決定形態與系統、計算應力後，根據應力需求挑選合用的材料強度與斷面尺寸；而回收舊構件之材料強度、斷面尺寸及最大可用長度已固定，因此結構系統與形態之發展亦受到限制。以此結構而言，所取得的回收構件皆為 2x4 小斷面木材，長度亦偏短，根據此特性發展出的是將短構件組成等邊多邊形框架後，交錯疊合成剛性拱形構架的系統。以模型先初步確認系統穩定可行後，再建置電腦結構模型，以結構分析軟體 SAP2000 計算應力，檢核應力是否在構件強度之容許範圍內，若否，則需修正結構幾何形態、增加構件，或甚至變更系統來調整應力分布，因為回收構件之斷面及強度已無放大空間。這樣的設計邏輯就像是將舊布裁剪拼補，重製成新衣一樣，是在循環經濟一詞成為流行語之前就早已存在於農業社會的傳統智慧。

實際執行構築時，由於原訂基地無法取得使用許可，改為在結構實驗場二樓窗台設計一組外推小型平台，新設計的規模雖然縮小，卻因為基地條件而衍生新的挑戰。由於此基地外側無法搭設施工設施，所有組裝需於窗台內側施做，我們發展出可展開也可折疊收納之可變結構，安裝時

以折疊狀態伸出窗台，展開後於內側一處接合點固定，即可穩定整體結構。

最終構築經過多次嘗試，反覆修正設計及構造細部後順利完成。此研究除了透過實例操作對結構再利用議題提出回應，也實踐了形態設計、結構分析、構築施工多方面的設計決策整合。

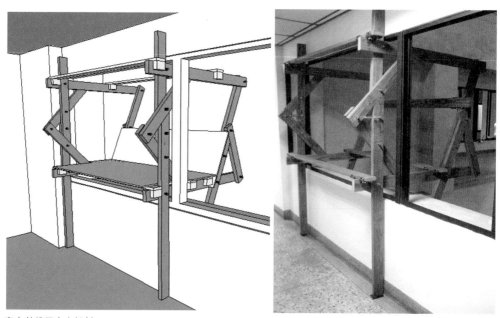

窗台外推平台之設計。

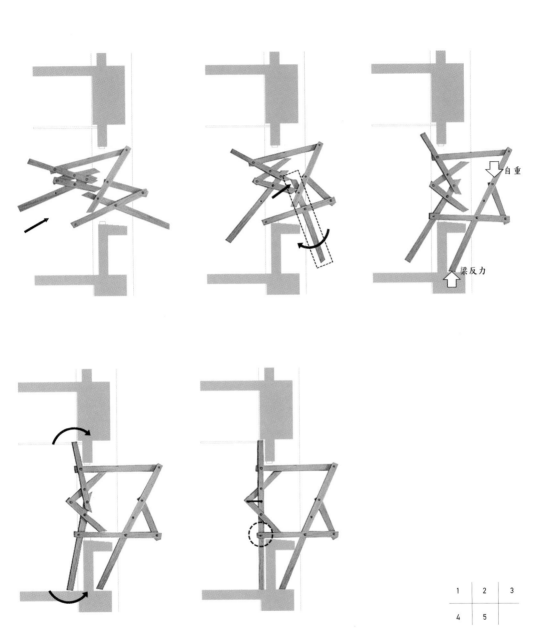

1	2	3
4	5	

窗台外推平台之折疊至展開安裝過程。

彎曲的薄版 | 輕量曲面木薄板結構之構築研究
李嘉嘉

2010 年我在規劃研究所的結構與造型整合設計題目時（詳
見附錄 2），開始思考如何使用輕薄材料形成結構的問題。
在試做的過程中，我發現若在卡紙上切槽，再置入支撐材
將開槽部分上下撐開，卡紙會自然彎曲拱起。

我們將此系統命名為「開槽薄版曲面系統」，它其實屬於
一種撓曲主動（Bending-active）結構，但由於讓它彎曲
的預力來自內部的支撐材，預彎應力的影響範圍只侷限在
開槽區域，因此彎曲後的形態甚為穩定。研究的重點在於
解明其彎曲行為之結構原理，並嘗試以此系統建造足尺結
構。首先以透明膠片製作基本的單槽單元，變化各項參數，
包括槽長、撐版高、槽版寬、版寬、槽寬比及切槽數量等，

探討各參數與薄版曲率之關係。我們同時也將單槽單元簡化為平面結構模型，使用電腦結構分析軟體 SAP2000 來模擬其彎曲行為；由於開槽造成的彎曲變形甚大，不能使用一般結構分析模式，而必須採用幾何非線性分析，亦即構件節點之幾何座標會隨著變形而不斷改變，因此即使材料在彈性狀態，作用力與變形也不成線性關係。結構分析結果與單元實測結果非常相近，我們並推導出單元轉角與槽寬比的簡單線性關係式，從而能在槽長和撐版高固定的情況下，透過調整槽寬比來控制單元彎曲的角度。

足尺結構採用容易彎曲的 3mm 厚度木薄版為材料，先透過材料撓曲試驗求取彈性模數與容許撓度，再以構件試

  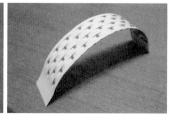

1-3. 在卡紙上連續交錯切槽，置入支撐材後，卡紙自然彎曲而維持在拱起的狀態。

4. 以容易加工的透明膠片探討幾何參數與單元曲率之關係。

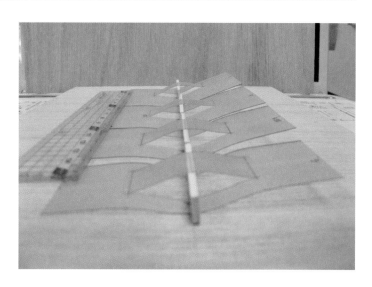

驗確認單元挫屈強度。為了將結構中的彎矩內力減到最小，我們將預定構築的形態設計為懸鍊線拱（Catenary Arch），也就是均質構件在自重下只受純壓的形狀函數，以 13 片長度為 63 至 120cm 不等的不同曲率單元組成，並且先以電腦結構分析確認應力位於容許範圍內。

然而第一次實構結果卻無法成功站立，原因是未能預料到薄版非開槽區域依然過於柔軟，足以造成整體結構的幾何非線性問題。重新以縮尺和足尺模型反覆嘗試了多種補強與修正方案後，終於找出在單元間以垂直向的搭接版加勁同時作為連接材的解決方法。

從這些過程中得到的啟示是：電腦結構分析是在分析者所設定的條件下進行的，不管分析過程看起來多麼精密，充其量只是分析者想像中的行為，分析者對真實結構行為的了解程度，才是決定分析結果是否寫實的關鍵；而對於真實結構行為的了解，則必須透過真實結構的實際建造和細心觀察。此研究在實構階段的多次嘗試失敗雖然花費了大量的時間，卻對於後續研究提供了相當寶貴的經驗。

1-2 足尺結構之木薄版單元。
3. 初步實構成品過於柔軟，無法自行站立。

<table>
<tr><td>1</td><td>2</td></tr>
<tr><td colspan="2" align="center">3</td></tr>
</table>

1. 最終實構結果以搭接版加強非開槽區域的剛度，同時作為連接構件。
2. 最終實構之單元細部，開槽版、撐版和搭接版皆為 **3mm** 之木薄版，採用雷射切割製作，大幅節省時間並確保精度。

1

2

竹煙火 | 竹材應用於薄膜式完全張力體之研究
林家荷

竹子的生長期短又便於加工，是環保又容易取得的在地建材，此研究從永續建材和輕量結構的角度出發，探索竹材在結構上的可能性。

其實竹材自古便常用於器具、家具和小規模建物，並不算是新興材料，然而竹在結構上的應用受限於其自然材料的特性：曲直不定、尺寸不一、難以規格化，材料性質又有明顯的不等向性，和木材一樣沿纖維方向強度高，但容易從纖維之間劈裂，不太適合承受彎和剪，受拉的問題則在於接頭：尺寸不定造成接合構件之設計困難，需要開孔的接合方式又會造成應力集中。由此導出的結論是想辦法讓竹材在結構中只受軸壓，以簡化接頭設計。

完全張力體（Tensegrity）是以不連續純壓力構件以及網狀純拉力構件組成，由於系統中構件只受純軸力，本身就是輕量結構。一般完全張力體在建築上的應用並不廣泛，然而近年來開始出現以薄膜取代張力構件的研究[1]，薄膜能夠同時做為空間之外表面材，與壓桿之接合方式也較為簡潔。我們參考了東京理科大學小嶋一浩研究室所設計的「MOOM」[2]，探討壓桿交錯配置型薄膜式完全張力體的預力產生機制，以及結構形態的發展可能性。

首先以縮尺模型操作研究此系統形態與受力行為的關係，配置交錯平行壓桿的薄膜從平面捲成曲面時，會呈現類似吉村式折紙（Yoshimura pattern）的收折行為。完全張力體必須在預力下才能穩定，而此系統乃藉由外加橫力阻止其收折時的內縮傾向來產生預力。透過對此系統轉動收折

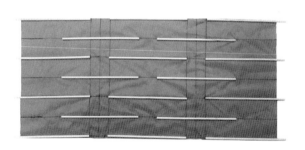

將配置交錯平行壓桿的攤平薄膜（左）沿壓桿走向捲起時，會像吉村式折紙一樣折疊起來（右）。

1. Peña D.M., Llorens I., and Sastre R. (2010). "Application of the tensegrity principles on tensile textile constructions", International Journal of Space Structures, 25(1), 57-67.
2. 小嶋一浩 (2011)，新しい膜構造を目指して「MOOM」Tensegritic membrane structure，最終報告書。

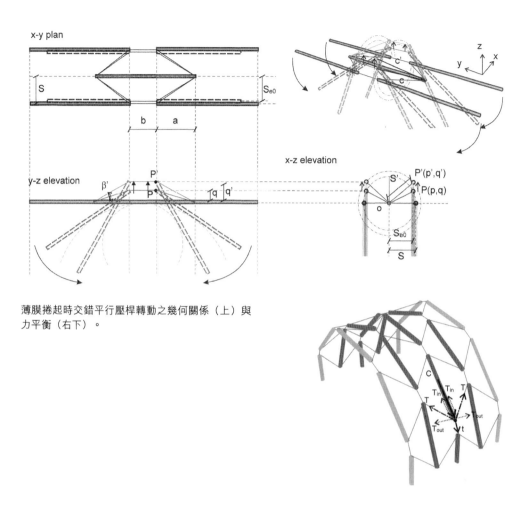

薄膜捲起時交錯平行壓桿轉動之幾何關係（上）與
力平衡（右下）。

機制的幾何和力平衡分析，能夠推導出預力大小與壓桿配
置幾何參數的關係，並發現壓桿數量超過某一限度時，就
難以產生有效的預力。

為了驗證此系統的可行性，我們設計了一座圍束環形平面
的薄膜式完全張力體，先以縮尺模型確認系統穩定性，再
實際構築二分之一縮尺的結構。最終構築的薄膜以無伸縮
性的防水布料製作，壓桿則為竹材，只經過最簡單的裁切

而無其他加工，藉由縫製在薄膜內層的「口袋」安裝在空間內部，可避免日晒雨淋。呈現甜甜圈狀的薄膜外圓周固定在打入土裡的邊界竹桿件，內圓周則靠一組壓力環懸掛在也是以竹材製作的中央支柱上。中央支柱上同時安裝了輻射狀的滑輪，將懸掛壓力環的鋼索集中收緊後，可對整組系統均勻地導入預力。

最終構築的結構在戶外基地上穩固地站立了將近三個月，才遭受到 2015 年的強烈颱風蘇迪勒損毀。夜間，在此結構內部點上燈光時，會映照出輻射狀交錯配置的竹壓桿宛如煙火綻放般的美麗景緻。

圍束環形平面的薄膜式完全張力體設計。

1. 縮尺模型。
2. 電腦 3D 模型。

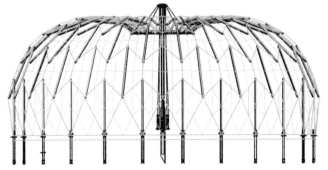

二分之一縮尺薄膜式完全張力體結構。

把紙箱包起來 | 真空預力應用於紙結構之研究
張雅智

有一回我和土木系的同事提到坂茂的紙教堂，對方第一句
話問我：「『紙』教堂？下雨怎麼辦？」的確，比起防火，
紙結構最大的弱點是受潮，即使不直接淋到雨，紙材也會
吸收空氣中的溼氣而影響其長期使用性能。另一個主要的
問題是接合方式，一般紙結構常採用膠合或栓接，並透過
其他材料如鐵件或木材來輔助接合；然而膠合範圍僅止於
紙材表面層，栓接則有應力集中問題，兩者都容易在構件
受拉時造成接合處局部破壞，因此紙構件較適合以均勻承
壓或承剪的方式連接。

以塑膠外層包覆紙構件來防水的想法早已有人提出 [3]，但
未能解決防水層在接合處中斷的問題。因此我們想到將整

3.　Pupilli A. (2003). Paper House, Honours Thesis, University of Sidney, 2003.

個紙結構用真空收納袋包起來，收納袋材質具備防水性能，真空預力則可使內部構件均勻受壓，減少接合部應力需求，也是一種可逆工法。

內部紙結構以紙箱單元組成，紙箱原型為不需膠合即可從單張瓦楞紙折疊成形的郵遞紙箱（Mailer Box），經過重新設計，加入可與相鄰單元嵌合扣接的插銷和舌鎖。瓦楞紙材由永豐餘工業用紙股份有限公司提供，並以該公司的數位控制切割機製作。為了加速從設計到製造的流程，整體結構形態先以 Rhino 建置電腦 3D 模型，再以 Grasshopper 程式依照需求大小分割出單元量體，並根據所設定的瓦楞紙厚度自動生成紙箱展開圖。

真空預力之有效性先透過小尺寸紙箱與大型真空收納袋進行初步驗證，結果發現真空預力機制雖可行，紙箱箱面太薄或接合開槽處卻容易因面外方向的壓力而凹陷。我們據此調整了紙箱設計，另外也進行各種材料及構件試驗，包括抗壓、抗剪、插銷抗剪試驗及箱壓試驗，根據試驗，結果選擇最適當的瓦楞紙類型、瓦楞方向及紙箱長寬比例。

預定進行構築的足尺結構形態先透過 MidasGen 電腦結構分析檢討應力狀態，將形態修正至系統中的撓曲拉應力小於真空預壓力可抵銷之容許範圍內。實際構築的結構採用市售的食品真空包裝用 Nylon/LLDPE 薄膜，裁剪後以熱封口機熔接成一大片，並以同樣工法接上抽氣閥。內部紙箱單元最終尺寸除了根據自重與應力大小調整，也考量紙箱展開狀態以單張瓦楞紙板切割時，能夠留下最少餘料。由於紙箱組立和單元間接合皆未使用黏膠或任何其他材料，所有內部單元能百分之百回收；外部薄膜則可剪開後，重複熱熔至需求大小再行利用。

最終構築結構先透過小尺寸模型確認施工工序，在實驗室預組裝後再移至戶外基地放置，觀察其暴露在外部環境的使用情況，結果發現由於薄膜太薄，預組裝過程中因摩擦造成多數無法察覺的小孔而影響氣密性與防水性。在後來的實構築展覽中，我們因應此問題修正了組裝工序，並採用較厚的薄膜，有效改善氣密狀況，但仍須每天手動抽氣以維持真空預力。

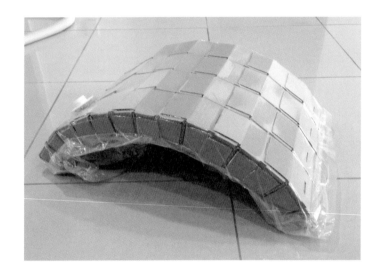

1. 真空收納小尺寸紙箱之初步驗證。
2. 紙箱單元折疊成形過程。

1

2

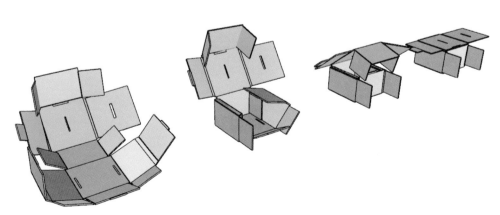

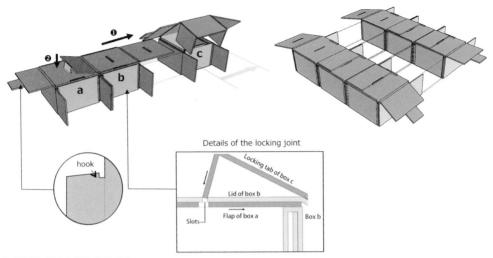

相鄰紙箱單元之嵌合扣接機制。

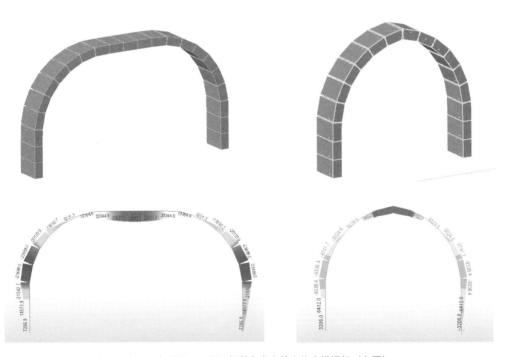

整體結構形態從撓曲應力較大的圓角構架（左圖）調整為應力較小的尖拱構架（右圖）。

足尺構築組裝過程紙箱單元前後扣接成排,以插銷嵌入鄰排紙箱,所有紙箱置於大片薄膜上,將薄膜包覆紙箱後熱熔封邊,以人力立起結構,放置於夾板基礎上,固定夾板基礎並抽氣。

1	4
2	5
3	6

1. 最終實構結果。
2. 改良後在 2016 實構築展覽展出將近兩個月的真空預力紙結構。

交織的薄版 | 開槽薄版曲面系統應用於空間結構之研究
郭亭勻

數年前使用開槽薄版組建結構的初步嘗試雖然不盡順遂，
仍留下了進一步發展的可能性。此研究以前述研究為基
礎，針對主要的系統穩定性問題提出解決方案，也更深入
探討如何以電腦結構分析模擬此系統的行為。

前次研究中發現，此系統因為薄版撓曲變形過大引發幾何
非線性而影響系統穩定度（詳見第 136 頁）。既然是薄
版結構，不適合靠增加版厚來提高斷面慣性矩，「形抗」
（Form-resistant）理所當然成了主要發展方向。初期發
展採用縮尺模型操作，包括將薄版單元斜置組合成折版結
構，以及將單元交錯組成編織紋理，撐版可兼作為鄰側搭
接版的互持結構（Reciprocal structure）形式；後者之接
合方式較前者簡潔許多，且利於發展成空間系統，但薄版
的扭轉剛度不足仍使得整體結構之變形偏大。於是我們再

整合互持形式與不可展開曲面，採用富勒圓頂之分割模式組構成球形空間，並以五分之一縮尺模型驗證整體系統剛度可有效改善。

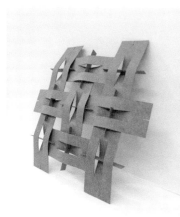
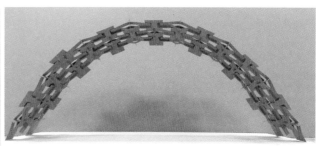

1. 單元交錯之互持結構形式。
2. 組成單向可展開曲面結構時仍有變形過大問題。
3. 整合互持結構與富勒圓頂分割之五分之一縮尺模型。
4. 五分之一縮尺模型的局部單元。

1	2
3	4

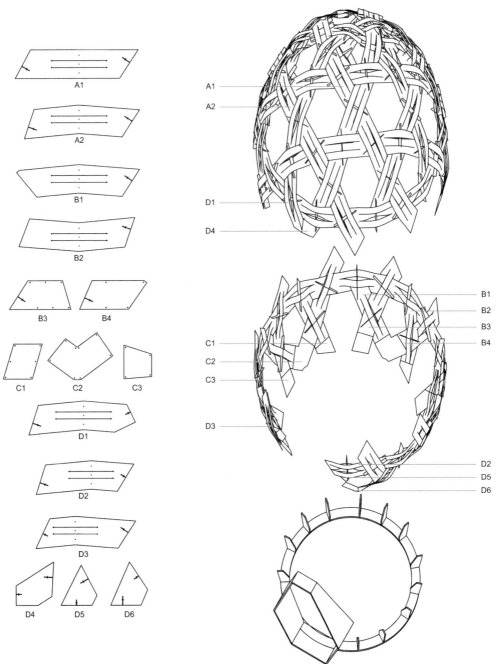

足尺實構之立體組成與單元形式。

1	3
2	4

足尺實構之組裝過程：自基礎開始由下往上組裝，單元成形與組裝同步施作，可以人力於一天內組裝完成。

1. 組合式夾板基礎組裝。
2. 以自製撐開器輔助單元彎曲成形。
3. 下層單元組裝。
4. 中層單元組裝。

與前次研究不同的是，我們決定先執行足尺實構，從過程中發掘問題並觀察結構行為，再進行分析。根據前次研究之實構經驗，我們開發了撐版搭接鄰側單元之特殊卡榫接合工法，並以 3D 列印製作輔助施工之快速撐開器。富勒圓頂分割之各處構件轉角雖然不一致，但可根據前次研究所推導的單元轉角公式找出對應的槽寬比。所有構件先在 Rhino 中建置整體 3D 模型，再轉為平面，以雷射切割及

CNC 等數位製造方式精準製作。所完成的足尺實構在 2016 年的實構築展覽中展出將近兩個月後，再拆解重組於系館戶外基地，記錄變形及破壞情形，以觀察其長期使用下之行為。

另一方面，我們也繼續探討如何以結構分析軟體模擬開槽薄版構件之彎曲行為。新設計的單元不像前次研究為規則形狀，無法簡化成平面模型；我們利用 SAP2000 以三維薄殼元素進行模擬，設定多種不規則幾何變因，包括版形、槽形及撐版夾角，並製作對應的實體薄版單元，以 2D 及 3D 掃描擷取其變形曲線，與分析結果比對，證實可利用三維結構模型準確模擬複雜形狀之開槽薄版變形，並在前次研究的單元轉角公式中新增影響參數。

足尺實構在戶外基地放置四個月後，底部單元在長期載重下產生明顯潛變，且因受雨淋造成材料軟化而加劇破壞。我們以簡化構件設定整體結構分析模型，探討不同分析假設下之結果，驗證整體結構之應力分布及變形情況符合實際結構行為；同時也透過重新分析，確認前次研究初次實構無法穩定站立之原因。

以三維薄殼元素模擬單元彎曲變形之電腦結構分析模型（右），與實體模型變形曲線之比對（下）甚為符合。

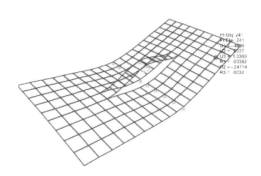

1. 放置於戶外基地之足尺實構。
2. 足尺實構內部情景。

小結

在以新材料或新系統為主題的研究裡，實構和傳統結構研究常採用的構件或結構試驗一樣，是驗證與了解結構行為的重要環節，因此研究用的實構也和結構試驗同樣應該經過適當的設計，並搭配紀錄或量測進行。材料、尺度與邊界條件是影響結構行為的主要因素，在經費、人力與時間充裕的情況下，於真實基地上實際建造足尺結構是最直接的驗證，若受限於現實條件，或者在尚未定案的初期發展階段，採用縮尺模型與局部的足尺構件也可能是有效的替代方式，但必須注意材料和尺度不同造成結構行為的差異程度，並以等效方式模擬接合束制和邊界條件。以前述研究為例，開槽薄版曲面單元本身為靜定結構，採用均質等向性材料時，彎曲曲率與材料彈性模數 E 無關，可以採用容易加工的材料，如紙板或塑膠片，製作縮尺模型來進行初期的系統發展；而瓦楞紙板是明顯的非等向性材料，破壞模式和瓦楞方向、楞高、楞距皆有相關，紙箱折疊與接合設計也受到瓦楞紙板厚度與楞型的影響，因此無法以均質實心板材或比例過小的縮尺模型替代，一開始就要以足尺或小尺寸構件進行檢討。

實構無法完全替代結構分析，反之亦然。實構所呈現的真實結構行為能用來校正分析模型，讓校正後的分析方法能用於新建設計的模擬；結構分析則能夠提供表面目視難以解讀的資訊，例如應力分布，協助研究者對結構行為建立更為合理透徹的認知；兩者的關係應為互相輔助並緊密相關。

在本章的介紹中，我省略了研究中許多技術性質的部分，包括材料試驗、公式推導、力學分析和施工細節等等，

詳細內容可以查閱本章參考文獻的五篇碩士論文 [4-8]，同時，其中兩篇研究 [9、10] 也已投稿至 2016 年和 2017 年的 IASS（International Association for Shell and Spatial Structures）年度研討會。

4. 簡子婕 (2013)，《既有木構材再利用於自立式二次結構之研究》，碩士論文，國立成功大學建築系，台南。
5. 李嘉嘉 (2014)，《輕量曲面木薄板結構之構築研究》，碩士論文，國立成功大學建築系，台南。
6. 林家荷 (2015)，《竹材應用於薄膜式完全張力體之研究》，碩士論文，國立成功大學建築系，台南。
7. 張雅智 (2016)，《真空預力應用於紙結構之研究》，碩士論文，國立成功大學建築系，台南。
8. 郭亭勻 (2017)，《開槽薄版曲面系統應用於空間結構之研究》，碩士論文，國立成功大學建築系，台南。
9. Tu Y.H. & Lin C.H. (2016). "Tensegric membrane structure with radiated struts," Proceedings of the IASS Annual Symposium 2016, paper no. 1106, September 26 - 30th, Tokyo, Japan.
10. Tu Y.H. & Chang Y.C. (2017). "Design and fabrication of a small scale vacuum pre-stressed paper structure," Proceedings of the IASS Annual Symposium 2017, paper no. 9223, September 25 - 28th, Hamburg, Germany.

第六章

結語

用實作為結構課調味

在撰寫此書的過程中，我開始自問，做這些事情的本質是什麼。我覺得我像是在幼兒園工作的保姆，想盡辦法要讓小朋友吃下長相和氣味都不討喜，但是含有必要營養成分的食物。

我所負責的絕大部分結構課程，都是俗稱的「講義課」，也就是，老師寫黑板，學生抄筆記，或者老師發講義，放PPT，學生看著桌面，或盯著投影幕，全身上下動得最多的肌肉只有手指頭，還得祈禱他們是用來握筆而不是滑手機。我當學生的時候就是這樣上結構的，我也一直都是這樣教，就算不做任何改變，我在大多數課程也都可以拿到良好的教學評量結果。聽得懂結構的學生，就會自然領會結構的有趣之處，就像我小時候一樣。

但其實並不是這樣，我小時候也不覺得寫滿算式的結構筆記是什麼有趣的讀物，我念建築系是因為我喜歡切東西，作模型，因此 2018 年初，我決定開始嘗試在每一門結構課程中融入實作內涵。

當然實際執行並不像發願這麼簡單，2018 年 2 月開始的這個學期，我所開授的結構課裡，除了「結構與造型」一開始就設計成整合了案例研討與模型製作，另外兩門都是標準的講義課：大二的「結構學」內容幾乎全是結構分析方法、定理和例題演算；碩班的「房屋結構設計」則講授以常見鋼筋混凝土低層建築為主的結構設計流程，包括法規、應力分析和斷面強度計算等等。兩門都是乍看之下和「動手作模型」沒有什麼關係的課程，不過我還是想辦法把模型作業給塞進去了。

　先講「房屋結構設計」，由於結構組研究生有一大半在大

學部念的是土木系，沒有太多製作模型的經驗，我決定讓他們製作單純的模型就好。結構設計的第一步從結構計畫開始，在往年的作業中，我會在學期初發給學生一個實際案例的各層建築平面，要求他們安排柱梁配置，繪製結構平面圖，並且在之後的作業裡，繼續以同一個案例操作電腦結構分析模型建置、輸入載重、執行應力分析等結構設計流程。而這一年的作業裡，在結構計畫階段，除了繪製結構平面圖以外，我也要求學生們以鐵絲或竹籤類的線形材料製作立體的線構架實體模型。所謂的線構架是把柱梁簡化成沒有厚度的線，柱梁接合部則是沒有體積的節點，以便進行應力分析的典型結構基本假設，也是一般電腦結構分析模型的建置邏輯。換言之，我要求學生們在電腦裡建置結構模型之前，先用手把它真的建出來。

結果發現，很多學生無法順利將構架簡化成點和線，由於作業所使用的案例柱梁配置不規則，有些學生漏了幾支梁，有些則把不在同一道立面上的梁接在不應該有厚度的柱上。從這個作業的結果，能看出學生是否確實理解構件的立體組成關係。

大二「結構學」的實作作業則比較耗費工夫，我大膽地取消了原本以全計算題形式進行的期中考試，改為整合了簡單的結構設計、實作與載重測試的分組作業。這個名為「DBB contest - Design, Build, and Break it!」的替代期中考搭配前半學期的授課進度，由幾個階段性的作業組成（詳見附錄 5）。DBB 的主旨是設計、分析，並建造一座至少 80cm 跨距的靜定平面桁架橋梁模型結構，進行載重測試以確認其結構性能與破壞機制。首先學生們要自行構想出桁架橋梁的造型，並以課堂講授的靜定度檢核公式確認其為靜定結構，接著自行假設載重，以手算結構分析求

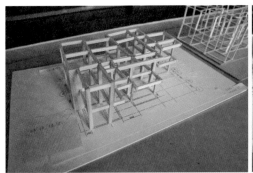

1-2. 房屋結構設計課程作業
　　 的手作構架模型。
3.　 電腦構架模型。

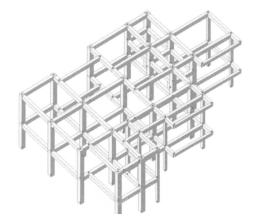

出所有桿件受力，並預測哪一根桿件會最早發生破壞。模
型構材是統一規格的吸管，以圖釘於端部接合，並於受壓
桿件內置入竹筷以避免挫屈破壞的發生，因此理論上內力
最大的受拉桿件便會是最早發生破壞的桿件。

為了確保載重測試的效果符合預期，在學期開始之前，我
和助教花費整個寒假先行反覆試作，訂出模型的標準製作
方式、尺寸規定與加載流程。而為了增添樂趣和誘因，採

第六章

用利樂包飲料作為加載物件，每座模型破壞前所能夠承載的飲料數量，就是該組學生的獎品。

載重測試選在原訂期中考周的周末下午進行，學生們端來可能是前一天才熬夜完成的模型，先拍下它們測試前的樣子，確認製作規格合乎標準，接著兩兩一組放置到測試台上，為了撰寫之後的成果報告，學生們在測試台前架設相機，自行記錄破壞過程。在預測最早發生破壞的桿件貼上標示用的小貼紙後，加載便可開始。

相較於傳統期中考試教室內的沉默肅殺氣氛，替代期中考在第一組模型發生破壞，連加載物件（包裝飲料）一起以激昂的姿態落地後便開始變得熱絡起來。除了觀察模型加載中的變形，也要仔細檢視破壞後的殘骸，以了解每座模型的破壞機制。有些學生成功地預測到最早破壞的構件，有些則由於載重設定得不完善而使得所計算的構件內力有所誤差，也有人因為分析時錯植了正負號而將拉力和壓力桿件弄反，導致一開始加載便瞬間崩塌。部分模型的破壞機制並非由桿件受力所控制，而是由於接合細部未依照標準規格製作，導致面外挫屈等預期以外的破壞模式。我向學生們解釋，這樣的問題在現實中的結構也經常發生，就像不久前因地震倒塌的建築物中被揭露的各種施工缺失，這些事情我們在一般課堂上當然已經一再強調，但是當你同時身為設計者和施工者，並且親身經歷結構破壞，就會格外有感。

在所有參加期中考的模型裡，承載能力最高和最低者分別得到 70 罐和 2 罐飲料，明明採用幾乎一樣的材料和構法製作，強度表現的差距竟然達到 35 倍之多！還好模型的承載強度並非唯一評分依據，事前的設計與分析、模型製

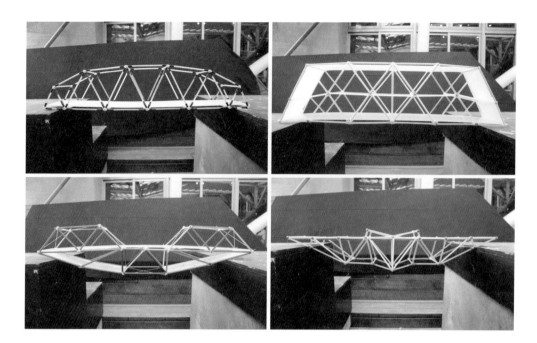

1　2
3　4
5

1-4. 大二學生自行設計製作的桁架橋梁模型：有些採用合理的典型樣式，有
　　些則明顯是基於造型考量。
5.　以桌子和磚塊架設的簡單測試台，模型兩兩一組加載，以節省時間並添
　　加些許對戰的刺激感。

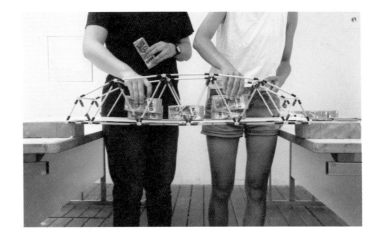

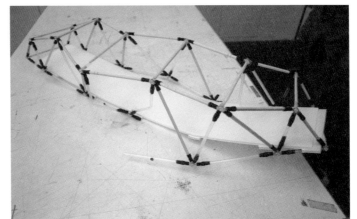

1. 學生自行依照所設定的
   載重形式放置加載物件,
   逐漸增加載重。模型上張
   貼的紅色圓點貼紙標示
   預測最早發生破壞的桿
   件。

2. 破壞的模型殘骸:某些看
   似慘烈的部分,其實是在
   最早發生破壞的桿件(紅
   點貼紙標示者)拉斷後才
   連鎖發生,結構破壞是序
   列性的過程,不能只看最
   後的結果。

3. 承載能力最強的模型和
   愉快的大二學生:因為空
   間不足,以鐵塊取代飲料
   加載,再換算等重的獎品
   數量。

載重測試情景：首次在半戶外空間舉行的結構學期中考。

作品質與測試表現，以及最後彙整的成果報告各占約三分之一。我總共送出三百多罐獎品飲料，學生們似乎都很開心，更重要的是，他們終於了解黑板上的算式為何而用，分析得到的數字有何意義。

實作除了在構築導向的教學和研究中扮演關鍵角色，也能夠成為結構教師廚房裡絕佳的調味料，但比起直接添加，更需要適時適所，斟酌份量，用心烹調，才能發揮最大成效。

歡迎和我一同領略結構的美味！

附錄 1

利用餅乾盒和一道膠帶建造結構的第三種方法:

(1) 將兩個餅乾盒斜靠,構成最基本的拱,兩側底端以膠帶相連構成繫桿,以防止受垂直載重時拱底往外推而崩垮。這樣的系統看起來也很像桁架,那麼它到底是桁架還是拱?其實都是!山型桁架的原點就是兩支壓桿構成的拱。

(2) 這組系統的缺點是頂部不平,只適合當作屋頂,而難以作為樓版使用,而且由於這裡的構件(餅乾盒)端部並非斜角,在頂端節點和底端支承處都會應力集中。

(3) 因為應力集中,載重增加時,支承端發生局部壓潰而導致崩塌。

比較三種組構方法的特性,可知:第 21 頁中,第一組簡支梁的使用性最佳,也占用最少空間,但構件承受的應力最大;第二組平頂桁架占用空間最大,但構件承受應力最小。

你還能夠想出其他的組構方法嗎?試試看!

附錄 2

Folding Bridge
2010 年 結構與造型整合設計
第一次設計題目

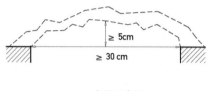

立面示意圖

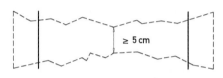

平面示意圖

主題說明

將一整張平面紙板利用切割、折疊、扭轉、編織、交錯、插榫……等動作,轉化為立體的橋梁結構。

規則與限制

1. 使用材料為原始尺寸 A3 大小的灰紙板 1 張
2. 橋梁淨跨距≧ 30cm,橋底中央處淨高≧ 5cm (如圖 1 所示)
3. 橋面最窄寬度≧ 5cm(如圖 2 所示)
4. 不得使用任何種類的膠水 / 膠帶作為連結方式,但可使用大頭針(pin)協助固定
5. 需自行製作基礎,但基礎所使用材料不受限制

評分與載重測試

1. 載重測試前,先進行簡報與評分,評分分為兩部分:Technical Point(TP) 一結構系統之優劣與創意分數 Pleasure Point(PP) 一造型美感與構成過程之趣味分數 2. 評分完成後,進行載重測試。採用靜態垂直加載方式,逐步增加重物於橋面直至橋梁結構破壞後,分別量測結構所能承擔最大總載重(C)及結構本身重量(W),以計算強度效益比(E = C/W)。其中,結構本身重量不計入基礎重量。
3. 總分數 = (TP + PP)/2 x E

附錄 3

大跨距結構模型製作
建築專題設計 2012 快速設計

· 主題 —— 製作一大跨距結構之 1/50 模型
· 尺寸 —— 此結構需支撐一防水屋頂包覆之內部空間，並不得超出外部界限，在跨距方向兩端應各
　　　　　　留有一處入口通往內部空間。
　　　　—— 外部界限的長 x 寬 x 高：35m x 10m x 15m（換算成模型尺寸為 70cm x 20cm x 30cm）
　　　　—— 內部空間的長 x 寬 x 高：25m x 10m x 5m（換算成模型尺寸為 50cm x 20cm x 10cm）
　　　　—— 入口之寬 x 高：3m x 5m。入口可配置於立面上之任何位置但須接地。.

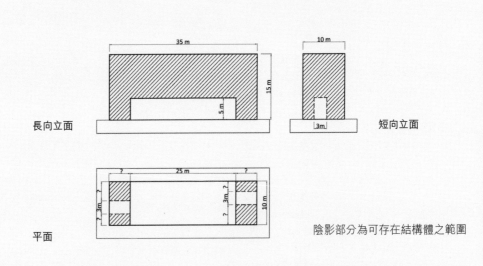

長向立面　　　　　　　　　　　短向立面

平面　　　　　　　　　　　　　陰影部分為可存在結構體之範圍

· 材料 —— 上部結構之材料無限制。
· 基礎 —— 模型底板只能用灰紙板製作，不可使用其他材料。學生需自行計算底板使用的灰紙板總
　　　　　　量（以 1mm 厚度為準之總面積或總重量）。
· 系統 —— 模型中之構材與接頭需能夠表現出原始結構之真實行為。
· 測試 —— 為驗證結構強度，評圖時將對每座模型進行漸增均布垂直載重試驗。
　　　　—— 結構倒塌，或垂直變形過大導致無法維持 5m 高內部空間時，視為結構破壞。
　　　　—— 以結構破壞前所能支撐之最大載重與其自重（只計上部結構）之比值代表其強度。
· 簡報 —— 評圖時只需提供模型及 1 分鐘之口頭說明。
· 評分 —— 根據以下因素給予評比：材料、形狀、強度、施工、美感及原創性。
· 學生需於評圖後一週內繳交一頁 A4 大小之 CorelDRAW 檔案，說明設計過程及設計成果。

附錄 4

渡邊邦夫先生對結構動力方程式的解說

這是強制振動（例如地震）下的結構動力方程式：

$$M\ddot{x} + C\dot{x} + Kx = -\ddot{x}_g M$$

其中，M 是結構的質量，C 是阻尼比，K 是剛度；x 是結構的位移，$\dot{x}$ 是位移 x 的微分也就是速度，$\ddot{x}$ 是速度 $\dot{x}$ 的微分也就是加速度，$\ddot{x}_g$ 則是地表振動時的加速度。

動力方程式是從慣性力、阻尼力與復原力的力平衡推導出來的，但是渡邊先生並不解釋中間的推導過程，而是這樣解釋：

1. 方程式等號的右邊，可以看成是地震造成的外加載重，它和結構物的質量及地表加速度成正比，也就是說如果地表加速度固定，則質量越大的結構，所受地震力越大。
2. 方程式等號的左邊，可以看成是結構抵抗地震的耐力，來自三個部分：
   (1) $M\ddot{x}$ 為結構固有的慣性，質量越大，慣性越大，代表越重的結構物越難被推動。質量乘以加速度就是慣性力（F=Ma）。
   (2) $C\dot{x}$ 為阻尼力，代表結構因為摩擦或其他作用抵抗振動的能力，例如單擺在擺動時會因為與空氣摩擦而逐漸減小擺幅終至停止的現象。阻尼力通常以和速度 $\dot{x}$ 成正比的形式來表示，C 是表示阻尼大小的係數。
   (3) Kx 為復原力，結構受力時會產生彈性變位 x，想要復原的能力即為剛度 K，剛度越大，代表對變形的抵抗越強，變位和剛度的乘積即為抵抗力（F=Kx）。
3. 要提高結構的抗震性能，就要增加等號左邊的項，或減少等號右邊的項，讓等號左邊大於等號右邊。
   (1) M：增加質量雖然能增加慣性，但等號右邊的地震載重也會同時增加，因此若阻尼和剛度都不變，則應該降低質量，也就是採用輕量結構。
   (2) C：增加阻尼，也就是採用減震策略，具體的方式通常為置入黏滯性阻尼器，或利用低降伏強度構件的塑性變形來提供遲滯阻尼。
   (3) K：增加剛度，是一般最常採用的耐震手段，置入剪力牆和斜撐等水平剛度高的構件最為有效。
   (4) $\ddot{x}_g$：減少輸入的地表加速度，也就是隔震。

透過上述的理解角度，從動力方程式就可導引出結構抗震的基本策略：輕量化、減震、耐震與隔震，同時理論（方程式）與應用（抗震策略）有著清楚的對應關係。如果想要知道動力方程式的詳細推導過程，不管查閱網路或參考書籍，都可以容易地找到，但是卻很少見到結構教科書解釋動力方程式的應用邏輯。

附錄 5

Design, Build, and Break it!
106 學年度 結構學 替代期中考「DBB contest」

主旨

設計、分析、建造一座靜定平面桁架橋樑模型結構，進行載重測試以確認其結構性能與破壞機制。

分組與作業流程

1. 以 4 人一組（特殊情況下可為 3 人）合作進行。
2. 於學期第五週繳交結構設計草案，以立面圖說明所規劃的平面桁架形式及尺寸。
3. 於學期第九週繳交結構設計說明書，以平立面圖及其他有助說明之圖文說明各部尺寸、材料規格及用量估算、載重設定、結構分析結果及預期破壞機制。
4. 學期第十週完成模型製作，進行載重測試（地點另行公布）
5. 學期第十一週繳交成果報告，說明每位小組成員分工情況，討論載重測試結果，並歸納作業心得。

模型設計與製作

1. 結構總跨距為 800mm，兩端為簡單支承形式，由兩組相同靜定平面桁架並列組成，兩組桁架橫向淨間距為 130mm 以上，結構總高度不得超過 600mm，桁架形態、構件及接點數量則無限制。
2. 結構內需包含一可供加載之平面，模擬一般橋梁中提供車輛通行的橋面，此平面應與兩端支承點位於同一水平高度上。並於此平面處設置一片橋面板，以供載重測試時置放加載重量。面板材料不拘，但以輕量材料為原則，且不得干涉主結構體之結構行為。
3. 桁架構件一律以同規格塑膠吸管製作，吸管標準規格為直徑 6mm，長度 210mm，不可續接使用。若欲使用其他規格材料，需事先提報授課教師同意。
4. 節點處以圖釘（pin）或同等方式接合構件，詳細接合方式參照另行公布之技術文件，不可使用任何膠合材料輔助構件接合。

5. 連接兩組平面桁架之橫向構件以竹筷製作，橫向構件之間加上雙向斜拉細線加強桁架面外方向剛度，詳細製作方式參照另行公布之技術文件。
6. 為避免受壓構件發生挫屈破壞，建議於受壓構件內放置竹筷。製作完成之模型應標示受壓構件之所在。

材料用量估算

如實計算一組平面桁架所用吸管總長度（含接點區域）及竹筷總長度，並列出計算過程。

結構分析及預期破壞機制

於載重測試前繳交結構設計說明書中，應包含以下分析結果：
1. 結構靜定度之檢核（需確認為靜定結構）。
2. 載重條件之設定（可能不只一種）。
3. 計算在所設定之載重條件下，桁架各構件內力。
4. 根據內力計算結果，預測最早發生破壞之構件位置並說明判定理由。

載重測試及評分基準

1. 載重測試用之加載物件由授課教師提供，為重量一致之利樂包飲料，每包重量及尺寸詳見另行公布之技術文件。作為獎勵，各模型結構破壞前可承載之加載物件可由該模型製作小組攜回。
2. 載重測試加載時，從零開始逐漸增加加載物件數量，加載物件由各模型製作小組依照結構分析階段所設定之載重條件自行放置。模型製作小組應拍照或攝影記錄加載及破壞過程。
3. 評分基準包含但不限於：
   (1) 結構設計說明書——說明書整體品質、結構分析正確程度。
   (2) 模型設計與製作——整體造型美感、細部構法。
   (3) 載重測試結果——實際破壞機制與預期破壞機制之符合程度、結構效益比（結構破壞前可承載最大載重與主結構體材料用量之比值）。
   (4) 成果報告——報告整體品質、個別成員參與程度。
4. 結構設計說明書中，結構分析部分之評分獨立計為一次平時作業分數。

國家圖書館出版品預行編目 (CIP) 資料

結構實境：整合實作的結構教學與研究方法論 / 杜怡
萱著 . -- 一版 . -- 臺北市：五南, 2019.04
　面；　公分
ISBN 978-957-763-336-1(平裝)

1. 結構工程 2. 結構力學

441.21　　　　　　　　　　　　　　　108003449

結構實境
整合實作的結構教學與研究方法論

作者：杜怡萱
發行人：楊榮川
總經理：楊士清
主編：陳姿穎
責任編輯：蕭亦芝
美術設計：林銀玲
出版者：五南圖書出版股份有限公司
地址：106 台北市大安區和平東路二段 339 號 4 樓
電話：(02)27055066　傳真：(02)27066100
網址：http://www.wunan.com.tw
電子郵件：wunan@wunan.com.tw
劃撥帳號：01068953
戶名：五南圖書出版股份有限公司
法律顧問：林勝安律師事務所　林勝安律師
出版日期：2019 年 4 月出版一刷
ISBN：978-957-763-336-1
定價：新臺幣 320 元